严格按照全新考试大纲编写

二级建造师冲刺题

建筑

建造师考试研究院　组编

U0333146

立信会计出版社
LIXIN ACCOUNTING PUBLISHING HOUSE

图书在版编目(CIP)数据

二级建造师冲刺题. 建筑 / 建造师考试研究院组编.
上海 ：立信会计出版社， 2024.12. — ISBN 978 - 7
- 5429 - 7741 - 0

Ⅰ. TU - 44

中国国家版本馆 CIP 数据核字第 2024A3B965 号

责任编辑　胡蒙娜

二级建造师冲刺题. 建筑

Erji Jianzaoshi Chongciti. Jianzhu

出版发行	立信会计出版社			
地　　址	上海市中山西路 2230 号	邮政编码	200235	
电　　话	(021)64411389	传　真	(021)64411325	
网　　址	www.lixinaph.com	电子邮箱	lixinaph2019@126.com	
网上书店	http://lixin.jd.com	http://lxkjcbs.tmall.com		
经　　销	各地新华书店			
印　　刷	三河市中晟雅豪印务有限公司			
开　　本	787 毫米×1092 毫米	1 / 16		
印　　张	6.5			
字　　数	154 千字			
版　　次	2024 年 12 月第 1 版			
印　　次	2024 年 12 月第 1 次			
书　　号	ISBN 978 - 7 - 5429 - 7741 - 0/T			
定　　价	29.00 元			

如有印订差错,请与本社联系调换

前言

本套冲刺题全面涵盖二级建造师执业资格考试的重要考点和常考题型，力图通过全方位、精考点的多题型练习，帮助您全面理解和掌握基础考点及重难点，提高解题能力和应试技巧。本套冲刺题具有以下特点。

突出考点，体现立体式梯度进阶设计 本套冲刺题同步针对考试大纲要求安排有"基础""重点""难点"题目，体现立体式梯度进阶设计，逐步引导您夯实基础、强化重点、攻克难点，助您全面掌握考点知识体系，赢得考试。

题量适中，题目质量高 建造师考试研究院反复推敲和研磨，精心甄选适量的典型习题，严格把控题目质量。书中每道习题均历经多位老师围绕考点和专题精心设计而成，具有较高的参考价值。

线上解析，详细全面 本套冲刺题通过二维码形式提供详细的参考答案及解析，既可以随时随地为您解惑答疑，又可以帮助您更好地理解题目和知识点，还可以助您提高解题能力和技巧。

在二级建造师执业资格考试之路上，建造师考试研究院与您相伴，助您一次通关！

建造师考试研究院

目录

刷题有道　冲刺有路

第四篇　案例专题

我们的精心　成就您的信心

第一篇

建筑工程技术

第一章　建筑工程设计与构造要求

第一节　建筑设计构造要求

▶ 考点 1　民用建筑分类

1. 【基础】某单层火车站候车厅，高度为 27m，该建筑属于（　　）。[单选]
   A. 单层建筑
   B. 高层建筑
   C. 中高层建筑
   D. 超高层建筑

2. 【基础】某建筑高度为 25m 的 3 层宾馆属于（　　）民用建筑。[单选]
   A. 低层
   B. 多层
   C. 中高层
   D. 高层

3. 【重点】下列关于民用建筑的分类，说法正确的是（　　）。[单选]
   A. 某高度为 24m 的单层火车站候车厅，属于多层建筑
   B. 某高度为 110m 的办公楼，属于超高层建筑
   C. 某高度为 25m 的 3 层宾馆，属于多层建筑
   D. 某建筑高度为 60m 的住宅，属于超高层建筑

4. 【重点】按照民用建筑分类标准，下列选项中，属于超高层建筑的是（　　）。[单选]
   A. 高度为 50m 的建筑
   B. 高度为 70m 的建筑
   C. 高度为 90m 的建筑
   D. 高度为 110m 的建筑

▶ 考点 2　建筑的组成

5. 【基础】下列关于建筑的组成，说法正确的是（　　）。[单选]
   A. 围护体系由屋面、内墙、门、窗等组成
   B. 设备体系不包括给水排水系统
   C. 结构体系仅包括墙、柱、梁、屋面
   D. 建筑物由结构体系、围护体系和设备体系组成

6. 【难点】下列选项中，属于高层建筑的围护体系的是（　　）。[单选]
   A. 27m 高住宅楼的屋面
   B. 25m 高宾馆的屋面
   C. 54m 高住宅楼的梁
   D. 28m 高宾馆的内墙

7. 【基础】建筑的组成体系包括（　　）体系。[多选]
   A. 围护
   B. 结构
   C. 屋面
   D. 智能
   E. 设备

8. 【基础】下列关于建筑物的组成，说法正确的有（　　）。[多选]
   A. 结构体系包括墙、柱、梁、屋面、地基
   B. 围护体系能够遮蔽外界恶劣气候的侵袭

C. 围护体系由屋顶、内墙、门、窗等组成

D. 设备体系包括给水排水系统、供电系统和供热通风系统

E. 建筑物由结构体系、围护体系和设备体系组成

▶ 考点3 民用建筑的构造

9. 【重点】下列关于非实行建筑高度控制区内建筑高度的计算，说法错误的是（　　）。[单选]

A. 有女儿墙的平屋顶，应按建筑物主入口场地室外设计地面至其女儿墙顶点的高度计算

B. 坡屋顶应分别计算建筑物室外地面至屋檐及屋脊的高度

C. 同一座建筑物有多种屋面形式时，分别计算后取最大值

D. 有女儿墙的平屋顶，应按建筑物主入口场地室外设计地面至其屋面檐口的高度计算

10. 【难点】下列关于民用建筑构造的说法，正确的是（　　）。[单选]

A. 室内楼梯扶手高度自楼地面量起不宜小于1.05m

B. 公共建筑室内外台阶踏步宽度不宜小于0.20m

C. 临空高度在24m及以上时，防护栏杆高度不应低于1.10m

D. 儿童专用活动场所，当楼梯井净宽大于0.50m时，必须采取防止少年儿童坠落的措施

11. 【重点】下列关于民用建筑构造的说法，错误的是（　　）。[单选]

A. 阳台、外廊、室内回廊等应设置防护栏杆

B. 少年儿童专用活动场所的栏杆，其垂直杆件间的净距不应大于0.11m

C. 室内楼梯扶手高度自踏步前缘线量起不应大于0.80m

D. 有人员正常活动的架空层及避难层的净高不应低于2.00m

▶ 考点4 建筑室内物理环境技术要求

12. 【基础】起居室内允许噪声级为等效连续A声级不应大于（　　）。[单选]

A. 37dB
B. 40dB
C. 42dB
D. 45dB

13. 【基础】下列选项中，不属于应急照明光源的是（　　）。[单选]

A. 备用照明
B. 疏散照明
C. 延时照明
D. 安全照明

14. 【重点】下列关于应急照明的设置，说法错误的是（　　）。[单选]

A. 工作场所应设置疏散照明

B. 活动不可中断的场所，应设置备用照明

C. 人员处于潜在危险之中的场所，应设置安全照明

D. 人员需有效辨认疏散路径的场所，应设置疏散照明

15. 【难点】下列关于光源的选择，说法正确的有（　　）。[多选]

A. 光源应根据使用场所光色、启动时间、电磁干扰等要求进行选择

B. 灯具安装高度较高的场所宜采用LED光源、细管径直管形三基色荧光灯

C. 重点照明宜采用LED光源、小功率陶瓷金属卤化物灯

D. 灯具安装高度较低的房间宜采用LED光源、细管径直管形三基色荧光灯

E. 室外照明场所宜采用LED光源、金属卤化物灯、高压钠灯

16. 【基础】严寒地区的公共建筑的体形系数应不大于（　　）。[单选]

A. 0.30
B. 0.40
C. 0.50
D. 0.60

考点5　建筑隔震设计构造要求

17. 【重点】关于建筑隔震措施要求，说法错误的是（　　）。[单选]

A. 隔震层中隔震支座的设计使用年限不应低于建筑结构的设计使用年限，且不宜低于50年
B. 出厂检验报告只对采用该产品的项目有效，不得重复使用
C. 隔震层采用的隔震支座产品和阻尼装置，型式检验报告有效期不得超过5年
D. 高层及复杂隔震结构隔震支座应进行施工阶段的验算

18. 【基础】地震时可能导致大量人员伤亡等重大灾害后果，需要提高设防标准的建筑与市政工程属于（　　）类设防。[单选]

A. 甲　　　　　　　　B. 乙　　　　　　　　C. 丙　　　　　　　　D. 丁

19. 【基础】砌体结构房屋中的构造柱、芯柱、圈梁及其他各类构件的混凝土强度等级不应低于（　　）。[单选]

A. C20　　　　　　　B. C25　　　　　　　C. C30　　　　　　　D. C35

20. 【重点】下列关于砌体结构楼梯间抗震措施的说法，正确的是（　　）。[单选]

A. 采取悬挑式踏步楼梯
B. 9度设防时采用装配式楼梯段
C. 楼梯栏板采用无筋砖砌体
D. 出屋面楼梯间构造柱与顶部圈梁连接

考点6　建筑减震设计构造要求

21. 【重点】关于建筑消能减震措施要求，说法错误的是（　　）。[单选]

A. 支撑及连接件一般采用钢构件，也可采用钢管混凝土或钢筋混凝土构件
B. 当消能器采用支撑型连接时，宜采用单斜支撑布置、"K"字形布置和人字形布置
C. 消能器与支撑、连接件之间宜采用高强度螺栓连接或销轴连接，也可采用焊接
D. 钢筋混凝土构件作为消能器的支撑构件时，其混凝土强度等级不应低于C30

22. 【基础】隔震层中隔震支座的设计使用年限不应低于建筑结构的设计使用年限，且不宜低于（　　）年。[单选]

A. 25　　　　　　　　B. 50　　　　　　　C. 80　　　　　　　D. 100

第二节　建筑结构设计与构造要求

考点1　常用结构体系与应用

23. 【基础】住宅建筑最适合采用的结构为（　　）。[单选]

A. 混合结构
B. 剪力墙结构
C. 框架结构
D. 筒体结构

24. 【基础】下列结构中，杆件主要承受轴向力的有（　　）。[多选]

A. 筒体结构
B. 框架—剪力墙结构
C. 框架结构
D. 网架结构
E. 拱式结构

25. 【基础】筒体结构适用于高度不超过（　　）的建筑。[单选]

A. 100m
B. 150m
C. 200m
D. 300m

考点2　结构可靠性要求

26. 【重点】下列事件中，满足结构适用性功能要求的是（　　）。[单选]

A. 某厂房结构遇到爆炸，有局部的损伤，但结构整体稳定并不发生倒塌

B. 某水下构筑物在正常维护条件下，钢筋受到严重锈蚀，但满足使用年限

C. 某厂房在正常使用时，吊车梁出现变形，但在规范规定之内，吊车正常运行

D. 厂房结构平时受自重、吊车、风和积雪等荷载作用时，均应坚固不坏

27.【基础】下列关于简支梁变形大小的影响因素，表述正确的有（   ）。[多选]

A. 跨度越大，变形越大

B. 截面的惯性矩越大，变形越大

C. 材料的弹性模量越大，变形越小

D. 材料的弹性模量越大，变形越大

E. 外荷载越大，变形越大

考点3　结构设计使用年限

28.【基础】根据《建筑结构可靠性设计统一标准》（GB 50068—2018）规定，特别重要的建筑结构的设计使用年限为（   ）年。[单选]

A. 70

B. 90

C. 100

D. 120

29.【基础】普通房屋的结构设计使用年限为（   ）年。[单选]

A. 5

B. 25

C. 50

D. 100

考点4　混凝土结构的环境类别

30.【基础】一般环境下，结构所处环境对钢筋和混凝土材料的劣化机理是（   ）。[单选]

A. 正常大气作用引起钢筋锈蚀

B. 反复冻融导致混凝土损伤

C. 氯盐侵入引起钢筋锈蚀

D. 硫酸盐等化学物质对混凝土的腐蚀

31.【基础】冻融环境属于（   ）类环境类别。[单选]

A. Ⅰ   B. Ⅱ   C. Ⅲ   D. Ⅳ

考点5　混凝土结构耐久性的要求

32.【基础】一般环境中，直接接触土体浇筑的构件，其混凝土保护层厚度不应小于（   ）。[单选]

A. 40mm

B. 50mm

C. 70mm

D. 100mm

33.【重点】下列关于混凝土结构耐久性要求的说法，错误的是（   ）。[单选]

A. Ⅰ—A 环境下，设计使用年限 50 年的钢筋混凝土结构构件，混凝土的强度等级不应低于 C25

B. 直接接触土体浇筑的构件，其混凝土保护层厚度不应小于 70mm

C. 预应力混凝土楼板的混凝土最低强度等级不应低于 C40

D. Ⅰ—A 环境下，混凝土强度为 C25 的梁和柱，其混凝土保护层最小厚度为 25mm

考点6　作用（荷载）的分类

34.【基础】下列选项中，属于永久作用（荷载）的是（   ）。[单选]

A. 预加应力

B. 活动隔墙

C. 风荷载

D. 雪荷载

35.【基础】下列选项中，属于偶然作用（偶然荷载）的有（   ）。[多选]

A. 雪荷载

B. 风荷载

C. 火灾
D. 爆炸
E. 面层及装饰

考点 7 钢筋混凝土结构的特点

36. 【重点】钢筋混凝土结构的缺点包括（　　）。[多选]
　　A. 耐久性差
　　B. 整体性差
　　C. 抗裂性能差
　　D. 可模性差
　　E. 自重大

37. 【重点】钢筋混凝土结构的优点包括（　　）。[多选]
　　A. 耐久性好
　　B. 自重轻
　　C. 就地取材
　　D. 抗裂性好
　　E. 整体性好

考点 8 钢筋混凝土结构主要技术要求

38. 【重点】下列关于混凝土结构构件设计强度等级要求的说法，正确的是（　　）。[单选]
　　A. 素混凝土结构构件的混凝土强度等级不应低于 C25
　　B. 钢筋混凝土结构构件的混凝土强度等级不应低于 C20
　　C. 预应力混凝土楼板结构的混凝土强度等级不应低于 C30
　　D. 钢-混凝土组合结构构件的混凝土强度等级不应低于 C25

39. 【重点】下列关于混凝土结构构件的最小截面尺寸，说法正确的有（　　）。[多选]
　　A. 矩形截面框架梁的截面宽度不应小于 200mm
　　B. 高层建筑剪力墙的截面厚度不应小于 150mm
　　C. 多层建筑剪力墙的截面厚度不应小于 140mm
　　D. 预制钢筋混凝土实心叠合楼板的预制底板及后浇混凝土厚度均不应小于 50mm
　　E. 现浇钢筋混凝土实心楼板的厚度不应小于 80mm

考点 9 砌体结构的特点及技术要求

40. 【基础】砌体结构施工质量控制等级根据（　　）分为 A、B、C 三级。[多选]
　　A. 砂浆和混凝土质量控制
　　B. 现场质量管理水平
　　C. 砂浆拌合工艺
　　D. 砌筑工人技术等级
　　E. 砌块等级

41. 【重点】下列关于砌体结构特点的说法，正确的有（　　）。[多选]
　　A. 耐火性能好
　　B. 抗弯性能差
　　C. 耐久性较差
　　D. 施工方便
　　E. 抗震性能好

考点 10 钢结构的特点及技术要求

42. 【重点】钢结构的优点不包括（　　）。[单选]
　　A. 自重轻，塑性和韧性好
　　B. 便于工厂生产和机械化施工
　　C. 不易腐蚀，故维护费用较低
　　D. 具有优越的抗震性能

43. 【重点】计算多层和高层钢结构时，应考虑构件的变形有（　　）。[多选]
　　A. 楼板的变形
　　B. 柱的弯曲变形
　　C. 梁的弯曲和剪切变形
　　D. 墙的轴向变形
　　E. 支撑的轴向变形

第一篇 冲刺

[选择题] 参考答案

1. A	2. D	3. B	4. D	5. D	6. B
7. ABE	8. BDE	9. D	10. C	11. C	12. D
13. C	14. A	15. ACDE	16. B	17. C	18. B
19. B	20. D	21. B	22. B	23. A	24. DE
25. D	26. C	27. ACE	28. C	29. C	30. A
31. B	32. C	33. C	34. A	35. CD	36. CE
37. ACE	38. C	39. ACDE	40. ABCD	41. ABD	42. C
43. ABCE					

- 微信扫码查看本章解析
- 领取更多学习备考资料

考试大纲　考前抢分
答案解析　思维导图

✐学习总结

....
....
....
....
....
....
....
....
....
....
....
....
....
....
....
....
....
....

第二章　主要建筑工程材料性能与应用

第一节　常用结构工程材料

▶ 考点1　建筑钢材的性能与应用

1. 【基础】含碳量为0.8%的碳素钢属于（　　）。[单选]
   A. 低碳钢　　　　　　　B. 中碳钢　　　　　　C. 高碳钢　　　　　　D. 合金钢

2. 【重点】以下属于钢材力学性能的有（　　）。[多选]
   A. 拉伸性能　　　　　　　　　　　　　B. 冲击性能
   C. 疲劳性能　　　　　　　　　　　　　D. 焊接性能
   E. 弯曲性能

3. 【基础】抗震结构适用的钢筋应满足的要求有（　　）。[多选]
   A. 最大力总延伸率实测值不应小于9%
   B. 抗拉强度实测值与屈服强度实测值的比值不应小于1.25
   C. 屈服强度实测值与屈服强度标准值的比值不应大于1.30
   D. 屈服强度实测值与屈服强度标准值的比值不应小于1.30
   E. 抗拉强度实测值与屈服强度实测值的比值不应大于1.25

4. 【基础】目前是建筑工程中用量最大的钢材品种之一，主要用于钢筋混凝土结构和预应力钢筋混凝土结构的配筋是（　　）。[单选]
   A. 热轧钢筋　　　　　　　　　　　　　B. 热处理钢筋
   C. 钢丝　　　　　　　　　　　　　　　D. 钢绞线

5. 【基础】钢材的工艺性能主要包括（　　）。[多选]
   A. 冲击性能　　　　　　　　　　　　　B. 拉伸性能
   C. 疲劳性能　　　　　　　　　　　　　D. 弯曲性能
   E. 焊接性能

▶ 考点2　水泥的性能与应用

6. 【重点】下列关于六大常用水泥凝结时间的说法，错误的是（　　）。[单选]
   A. 初凝时间均不得短于45min　　　　　B. 普通水泥的终凝时间不得长于12h
   C. 硅酸盐水泥的终凝时间不得长于6.5h　D. 火山灰水泥的终凝时间不得长于10h

7. 【重点】下列关于代号为P·Ⅰ的水泥特性，说法正确的是（　　）。[单选]
   A. 初凝时间不长于45min，终凝时间不长于6.5h
   B. 凝结硬化慢，早期强度高
   C. 水化热大
   D. 抗蚀性好

8. 【基础】硅酸盐水泥的主要特性有（　　）。[多选]
   A. 水化热大　　　　　　　　　　　　　B. 干缩性较大
   C. 耐蚀性较好　　　　　　　　　　　　D. 抗冻性较差
   E. 早期强度高

9. 【基础】水泥在凝结硬化过程中，体积变化的均匀性是指（　　）。[单选]
   A. 安定性　　　　　　　　　　　　　　B. 可塑性
   C. 泌水性　　　　　　　　　　　　　　D. 稳定性

10.【难点】下列水泥中，具有干缩性较小特点的有（　　　）。[多选]

A. 硅酸盐水泥

B. 普通硅酸盐水泥

C. 矿渣硅酸盐水泥

D. 粉煤灰硅酸盐水泥

E. 火山灰硅酸盐水泥

▶ 考点3 混凝土及组成材料的性能与应用

11.【基础】影响混凝土和易性的最主要因素是（　　　）。[单选]

A. 石子

B. 砂子

C. 水泥

D. 单位体积用水量

12.【基础】可加速混凝土硬化和早期强度发展，缩短养护周期，加快施工进度，提高模板周转率，多用于冬期施工或紧急抢修工程的外加剂是（　　　）。[单选]

A. 早强剂

B. 引气剂

C. 缓凝剂

D. 加气剂

13.【基础】混凝土的和易性包括（　　　）。[多选]

A. 稠度

B. 黏聚性

C. 保水性

D. 流动性

E. 均匀性

14.【基础】混凝土的耐久性包括（　　　）。[多选]

A. 抗渗性

B. 抗冻性

C. 抗侵蚀性

D. 抗碳化

E. 抗压性

15.【重点】改善混凝土耐久性的外加剂有（　　　）。[多选]

A. 泵送剂

B. 着色剂

C. 引气剂

D. 阻锈剂

E. 防水剂

16.【基础】调节混凝土凝结时间、硬化性能的外加剂不包括（　　　）。[单选]

A. 缓凝剂

B. 速凝剂

C. 引气剂

D. 早强剂

17.【基础】下列混凝土掺合料中，属于非活性矿物掺合料的有（　　　）。[多选]

A. 石灰石

B. 磨细石英砂

C. 硬矿渣

D. 火山灰质材料

E. 粉煤灰

▶ 考点4 砌体材料的性能与应用

18.【重点】下列关于砂浆的主要技术性能，说法错误的是（　　　）。[单选]

A. 砂浆的稠度越大，流动性越大

B. 砂浆的保水性用分层度表示

C. 对于吸水性强的砌体材料和高温干燥的天气，要求砂浆稠度要大些

D. 对于密实不吸水的砌体材料和湿冷天气，砂浆稠度要大些

19.【难点】下列关于砂浆和砌块的表述，正确的有（　　　）。[多选]

A. 用于测定砂浆强度等级的立方体试件尺寸为 70.7mm×70.7mm×70.7mm

B. 砂浆的稠度越大，砂浆的流动性越大

C. 砂浆的分层度不得大于 20mm

D. 砌筑砂浆的强度等级可分为 M30、M25、M20、M15、M10、M7.5 六个等级

E. 砂浆宜人工搅拌

20. 【基础】砂浆的保水性用分层度表示，其分层度不得大于（　　）。[单选]

A. 10mm

B. 20mm

C. 30mm

D. 35mm

21. 【重点】下列关于烧结砖的说法，错误的是（　　）。[单选]

A. 烧结普通砖外形公称尺寸为 240mm×115mm×53mm

B. 烧结多孔砖砌筑时孔洞平行于受压面

C. 烧结多孔砖主要用于承重部位

D. 烧结空心砖主要用于框架填充墙和自承重隔墙

22. 【基础】以下不能用于长期受热 200℃以上、受急冷急热或有酸性介质腐蚀的建筑部位的砖是（　　）。[单选]

A. 多孔砖

B. 空心砖

C. 普通砖

D. 蒸压砖

第二节　常用建筑装饰装修和防水、保温材料

▶ 考点1　饰面石材的特性和应用

23. 【重点】关于天然大理石，下列说法错误的是（　　）。[单选]

A. 质地较软

B. 耐酸腐蚀能力较差

C. 中硬石材

D. 天然大理石板材按板材的加工质量和外观质量分为四级

24. 【难点】下列关于建筑花岗岩石材特性的说法，正确的是（　　）。[单选]

A. 强度低

B. 呈酸性

C. 密度小

D. 硬度低

▶ 考点2　木材、木制品的特性和应用

25. 【重点】木材干缩导致的现象有（　　）。[多选]

A. 表面鼓凸

B. 开裂

C. 接榫松动

D. 翘曲

E. 拼缝不严

26. 【重点】普通胶合板按成品板上可见的材质缺陷和加工缺陷的数量和范围分为三个等级，即（　　）。[多选]

A. 优等品

B. 一等品

C. 二等品

D. 三等品

E. 合格品

▶ 考点3　建筑玻璃的特性和应用

27. 【基础】节能装饰型玻璃包括（　　）。[多选]

A. 夹层玻璃

B. 阳光控制镀膜玻璃

C. 低辐射镀膜玻璃　　　　　　　　　　　　D. 中空玻璃

E. 着色玻璃

28.【基础】下列选项中，属于安全玻璃的有（　　）。[多选]

A. 平板玻璃

B. 均质钢化玻璃

C. 中空玻璃

D. 夹层玻璃

E. Low－E 玻璃

▶ 考点 4　防水材料的特性和应用

29.【基础】下列选项中，属于刚性防水材料的有（　　）。[多选]

A. 丙烯酸酯

B. 防水混凝土

C. 聚氨酯防水涂料

D. 防水砂浆

E. 自粘复合防水卷材

30.【重点】下列关于水泥基渗透结晶型防水涂料特点的说法，正确的有（　　）。[多选]

A. 是一种柔性防水材料

B. 具有独特的保护钢筋能力

C. 节省人工

D. 具有防腐特性

E. 耐老化

▶ 考点 5　保温隔热材料的特性和应用

31.【重点】影响保温隔热材料导热系数的因素包括（　　）。[多选]

A. 材料的大小

B. 表观密度与孔隙特征

C. 湿度

D. 温度

E. 热流方向

32.【难点】下列关于保温隔热材料导热系数的说法，错误的有（　　）。[多选]

A. 材料吸湿受潮后，导热系数会减小

B. 金属导热系数最大

C. 材料的导热系数随温度升高而减小

D. 当热流平行于纤维方向时，保温性能减弱

E. 孔隙率相同时，孔隙尺寸越大，导热系数越大

33.【基础】下列关于玻璃棉制品的说法，错误的是（　　）。[单选]

A. 玻璃棉的特性是体积密度大、热导率低、吸声性好

B. 玻璃棉毡、卷毡、板主要用于建筑物的隔热、隔声等

C. 玻璃棉的燃烧性能为不燃材料

D. 超细玻璃棉一般使用温度不超过 400℃

［选择题］参考答案

1. C	2. ABC	3. ABC	4. A	5. DE	6. B
7. C	8. AE	9. A	10. ABD	11. D	12. A
13. BCD	14. ABCD	15. CDE	16. C	17. ABC	18. D
19. AB	20. C	21. B	22. D	23. D	24. B
25. BCDE	26. ABE	27. BCDE	28. BD	29. BD	30. BCDE
31. BCDE	32. AC	33. A			

- 微信扫码查看本章解析
- 领取更多学习备考资料

考试大纲　考前抢分
答案解析　思维导图

✎学习总结

第三章　建筑工程施工技术

第一节　施工测量放线

考点 1　常用测量仪器的性能和应用

1. 【基础】楼层放线最常用的距离测量器具是（　　）。[单选]
   A. 全站仪　　　　　　　　　　　　　B. 水准仪
   C. 钢尺　　　　　　　　　　　　　　D. 经纬仪

2. 【基础】经纬仪的主要功能是测量（　　）。[单选]
   A. 距离　　　　　　　　　　　　　　B. 角度
   C. 高差　　　　　　　　　　　　　　D. 高程

考点 2　施工测量放线的内容与方法

3. 【基础】适用于不便量距或测设点远离控制点的地方，对于一般小型建筑物或管线的定位也可采用的测量方法是（　　）。[单选]
   A. 极坐标法　　　　　　　　　　　　B. 方向线交会法
   C. 直角坐标法　　　　　　　　　　　D. 角度前方交会法

4. 【重点】关于建筑结构施工测量，下列说法正确的有（　　）。[多选]
   A. 建筑物主轴线的竖向投测，主要有外控法和内控法两类
   B. 轴线竖向检测每层投测的允许偏差应在 2mm 以内，并逐层纠偏
   C. 施工层抄平之前，应先检测两个传递标高点，当较差小于 3mm 时，以其平均值为本层标高基准，否则应重新传递
   D. 采用外控法进行轴线竖向投测时，应将控制轴线引测至首层结构外立面上
   E. 采用内控法进行轴线竖向投测时，应在首层或最底层底板上预埋钢板

第二节　地基与基础工程施工

考点 1　基坑支护工程施工

5. 【基础】基坑支护结构可划分为（　　）个安全等级。[单选]
   A. 1　　　　　　　　　　　　　　　　B. 2
   C. 3　　　　　　　　　　　　　　　　D. 4

6. 【基础】以下支护形式适用于浅基坑支护的有（　　）。[多选]
   A. 咬合桩围护墙支护　　　　　　　　B. 地下连续墙支护
   C. 挡土灌注桩支护　　　　　　　　　D. 锚拉支撑
   E. 短桩横隔板支撑

7. 【重点】下列深基坑支护的形式中，适用于基坑侧壁安全等级为一级、二级、三级的有（　　）。[多选]
   A. 地下连续墙支护　　　　　　　　　B. 灌注桩排桩支护
   C. 型钢桩横挡板支撑　　　　　　　　D. 内支撑
   E. 锚拉支撑

考点 2　土方与人工降排水施工

8. 【基础】"先挖基坑中间土体，周围四边留土坡，土坡最后挖除"属于（　　）挖土方法。[单选]
　　A. 中心岛式
　　B. 放坡
　　C. 逆作
　　D. 盆式

9. 【难点】下列关于土方工程的施工，说法错误的是（　　）。[单选]
　　A. 放坡开挖属于无支护开挖
　　B. 中心岛式开挖有利于减少支护结构的变形
　　C. 填土应从场地最低处开始，由下而上整个宽度分层铺填
　　D. 含水量符合要求的黏性土也可以进行土方回填

10. 【重点】深基坑工程的挖土方案中，无支护结构的是（　　）。[单选]
　　A. 放坡挖土
　　B. 中心岛式挖土
　　C. 盆式挖土
　　D. 逆作法挖土

11. 【重点】基坑土方回填前，应确定的施工参数有（　　）。[多选]
　　A. 回填土料含水率控制范围
　　B. 铺土厚度
　　C. 压实遍数
　　D. 边坡坡度
　　E. 基坑平面位置

12. 【基础】土方工程施工前，应采取有效的地下水控制措施。基坑内地下水位应降至拟开挖下层土方的底面以下不小于（　　）。[单选]
　　A. 0.5m
　　B. 0.8m
　　C. 1.0m
　　D. 1.5m

13. 【重点】当采用振动压实机时，填土分层厚度范围是（　　），每层压实遍数范围是（　　）遍。[单选]
　　A. 250～300mm，3～4
　　B. 250～350mm，3～4
　　C. 200～250mm，6～8
　　D. ＜200mm，6～8

考点 3　基坑验槽的方法与要求

14. 【重点】验槽时，应在基底进行轻型动力触探的情况有（　　）。[多选]
　　A. 设计文件规定应进行轻型动力触探的
　　B. 局部有软弱下卧层的
　　C. 持力层明显不均匀的
　　D. 有浅埋的坑穴、古井，直接观察难以发现的
　　E. 基底标高不符合要求的

15. 【难点】下列关于验槽的相关工作，说法错误的是（　　）。[单选]
　　A. 验槽时必须具备详勘阶段的岩土工程勘察报告
　　B. 验槽前，施工方要求建设方提供场地内是否有地下管线和相应的地下设施说明或图纸
　　C. 地基验槽通常采用观察法
　　D. 由施工单位项目负责人组织建设、监理、勘察、设计单位的项目负责人进行验槽

▶ 考点 4 常见地基处理方法应用

16.【重点】采用换填地基处理方法时，换填厚度符合要求的是（　　）。[单选]

A. 2.5m
B. 3.5m
C. 5.0m
D. 6.0m

17.【基础】强夯置换夯锤底面形式宜采用圆形，夯锤底静接地压力值宜大于（　　）。[单选]

A. 50kPa
B. 60kPa
C. 80kPa
D. 100kPa

▶ 考点 5 混凝土基础与桩基施工

18.【重点】下列关于条形混凝土基础浇筑技术的说法，错误的是（　　）。[单选]

A. 各段层间应至少在混凝土初凝前相互衔接
B. 根据基础深度宜分段分层连续浇筑混凝土，一般不留施工缝
C. 每段间浇筑长度控制在 3～5m 距离
D. 逐段逐层呈阶梯形向前推进

19.【重点】混凝土浇筑过程中，二次振捣的时间应控制在混凝土（　　）。[单选]

A. 初凝前
B. 初凝后
C. 终凝前
D. 终凝后

20.【重点】控制大体积混凝土裂缝的常见措施有（　　）。[多选]

A. 提高混凝土强度
B. 降低水胶比
C. 降低混凝土入模温度
D. 提高水泥用量
E. 采用二次抹面工艺

第三节　主体结构工程施工

▶ 考点 1 常见模板体系及其特性

21.【基础】在冬期施工某一外形复杂的混凝土构件时，最适宜的模板体系是（　　）。[单选]

A. 木模板体系
B. 组合钢模板体系
C. 铝合金模板体系
D. 大模板体系

22.【基础】常用模板中，具有轻便灵活、拆装方便、通用性强、周转率高、接缝多且严密性差、混凝土成型后外观质量差等特点的是（　　）。[单选]

A. 木模板
B. 组合钢模板
C. 钢框木胶合板模板
D. 钢大模板

▶ 考点 2 模板工程设计

23.【重点】模板及支架设计应包括的主要内容有（　　）。[多选]

A. 模板及支架的选型及构造设计
B. 模板及支架的承载力、刚度验算
C. 模板及支架的抗倾覆验算
D. 绘制模板及支架施工图
E. 模板选型设计依据

24.【重点】背景资料：

　　某高校新建校区，包括办公楼、教学楼、科研中心、后勤服务楼、学生宿舍等多个单体建筑，由某建筑工程公司进行该群体工程的施工建设。其中，科研中心工程为现浇钢筋

混凝土框架结构，地上 10 层，地下 2 层，建筑檐口高度为 45m，由于有超大尺寸的特殊试验设备，设置在地下二层的试验室为两层通高。

在施工过程中，发生了下列事件：

事件二：施工单位针对两层通高试验室区域单独编制了模板及支架专项施工方案，方案中针对模板整体设计进行了模板和支架选型、构造设计、荷载及其效应计算，并绘制施工节点详图。监理工程师审查要求补充该模板整体设计必要的验算内容。[案例节选]

问题：

事件二中，按照监理工程师要求，针对模板及支架施工方案中模板整体设计，施工单位应补充哪些必要验算内容？

▶ **考点 3** 模板工程安装要点

25.【难点】某钢筋混凝土现浇板跨度为 7.8m，其模板是否起拱设计无具体要求，其起拱高度可能为（　　）。[单选]

A. 0.3cm
B. 0.5cm
C. 1.5cm
D. 2.5cm

26.【重点】当设计没有具体要求时，某现浇钢筋混凝土梁板跨度为 8m，其模板起拱高度可选择（　　）。[单选]

A. 4mm
B. 6mm
C. 16mm
D. 25mm

27.【重点】对于跨度 6m 的钢筋混凝土梁，当设计无要求时，其梁底木模板跨中可采用的起拱高度有（　　）。[多选]

A. 5mm
B. 10mm
C. 15mm
D. 20mm
E. 25mm

28.【难点】下列关于钢筋混凝土结构中模板、支架的说法，正确的有（　　）。[多选]

A. 钢管、门架等支架立柱可混用
B. 模板接缝不应漏浆
C. 模板隔离剂不得污染钢筋
D. 梁柱节点的钢筋宜在模板安装后绑扎
E. 后浇带的模板、支架应单独设置

29.【重点】关于模板工程安装要点，下列说法错误的有（　　）。[多选]

A. 在浇筑混凝土前，钢模板应浇水润湿，但模板内不应有积水
B. 后浇带的模板及支架应独立设置
C. 钢管、门架等支架立柱不得混用
D. 跨度 6m 的钢筋混凝土简支梁，当设计无要求时，其梁底木模板跨中的起拱高度宜为 20mm
E. 立杆上应每步设置双向水平杆，水平杆应与立杆扣接

▶ **考点 4** 模板工程拆除要点

30.【重点】当设计无具体要求时，下列模板拆除的做法中错误的是（　　）。[单选]

A. 拆模之前必须办理拆模申请手续
B. 跨度等于 8m 的梁，底模拆除时的混凝土强度应至少达到设计的立方体抗压强度标准值的 75%

C. 当混凝土强度能保证其表面及棱角不受损伤时，方可拆除侧模

D. 模板设计无具体要求时，先支的先拆，后支的后拆

31. 【重点】跨度为 8m，混凝土设计等级为 C40 的钢筋混凝土简支梁，混凝土强度最少达到 （　　） 时才能拆除底模。[单选]

    A. 28MPa
    B. 30MPa
    C. 32MPa
    D. 34MPa

32. 【难点】某跨度为 2m 的板，设计混凝土强度等级为 C20，其同条件养护的标准立方体试块的抗压强度标准值达到 （　　） 时即可拆除底模。[单选]

    A. 5N/mm²
    B. 10N/mm²
    C. 15N/mm²
    D. 20N/mm²

33. 【难点】下列关于模板安装与拆除施工的做法，错误的有 （　　）。[多选]

    A. 梁柱节点的钢筋宜在模板安装前绑扎，钢管、门架等支架立柱可混用

    B. 跨度为 6m 的板，混凝土强度达到设计要求的 50％ 时，开始拆除底模

    C. 后张预应力混凝土结构底模在预应力张拉后拆除完毕

    D. 拆模申请手续经项目技术负责人批准后，开始拆模

    E. 模板设计无具体要求，先拆承重的模板，后拆非承重的模板

34. 【基础】模板的拆除顺序一般为 （　　）。[多选]

    A. 先支先拆，后支后拆

    B. 后支先拆，先支后拆

    C. 先拆非承重部分，后拆承重部分

    D. 先拆承重部分，后拆非承重部分

    E. 先下后上，先内后外

35. 【重点】背景资料：

    会议室顶板（跨度为 8m）底模支撑拆除前，试验员从标准养护室取一组试件进行试验，试验强度达到设计强度的 90％，项目部据此开始拆模。[案例节选]

    问题：

    项目部的做法是否正确？请说明理由。当设计无规定时，通常情况下模板拆除的顺序是什么？

▶ 考点 5　钢筋连接

36. 【基础】钢筋的连接方法不包括 （　　）。[单选]

    A. 法兰连接
    B. 机械连接
    C. 焊接
    D. 绑扎连接

37. 【重点】下列钢筋不宜采用绑扎搭接接头的是 （　　）。[单选]

    A. 直径为 26mm 的受压钢筋

    B. 直径为 22mm 的受拉钢筋

    C. 直径为 26mm 的受拉钢筋

    D. 直径为 24mm 的受压钢筋

▶ 考点 6　钢筋加工

38. 【重点】下列关于钢筋加工的说法，正确的是 （　　）。[单选]

    A. 钢筋的切断口不应有起弯现象

    B. 弯折过程中可加热钢筋

C. 一次弯折不到位，可反复弯折

D. 弯折过度的钢筋，可回弯

39.【重点】下列关于钢筋加工的说法，错误的有（　　）。[多选]

A. 钢筋加工包括调直、除锈、下料切断、接长、弯曲成型等

B. 当采用冷拉调直时，HPB300 级光圆钢筋的冷拉率不宜大于 1%

C. 可采用机械除锈机除锈、喷砂除锈、酸洗除锈和手工除锈

D. 钢筋切断口应呈现马蹄形

E. 宜在加热状态下加工钢筋

▶考点7　钢筋安装

40.【基础】框架梁下部纵向受力钢筋接头位置（　　）。[单选]

A. 宜设置在梁跨中 1/3 处　　　　　　　B. 宜设置在梁支座处

C. 宜设置在梁端 1/3 跨度范围内　　　　D. 可随意设置

41.【重点】下列关于板钢筋绑扎的做法，错误的是（　　）。[单选]

A. 双向主筋的钢筋网，将全部钢筋相交点扎牢

B. 采用双层钢筋网时，在上层钢筋网下面应设置钢筋撑脚

C. 相邻绑扎点的铁丝要成八字形

D. 双向主筋的钢筋网，中间部分交叉点相隔交错扎牢

▶考点8　泵送混凝土

42.【基础】混凝土粗骨料最大粒径不大于 40mm 时，可采用内径不小于（　　）的输送泵管。[单选]

A. 100mm　　　　　　　　　　　　　　B. 125mm

C. 150mm　　　　　　　　　　　　　　D. 175mm

43.【难点】关于混凝土浇筑要求，下列说法正确的是（　　）。[单选]

A. 混凝土泵或泵车应尽可能靠近浇筑地点，浇筑时由远至近进行

B. 有主次梁的楼板宜顺着主梁方向浇筑

C. 高度为 0.8m 的梁可单独浇筑混凝土

D. 单向板施工缝应留设在平行于板长边的任何位置

▶考点9　混凝土养护要求

44.【重点】下列关于混凝土的养护，说法正确的是（　　）。[单选]

A. 对已浇筑完毕的混凝土，应在混凝土终凝后开始进行自然养护

B. 抗渗混凝土、强度等级在 C60 及以上的混凝土，养护时间不应少于 7d

C. 硅酸盐水泥、普通硅酸盐水泥或矿渣硅酸盐水泥配制的混凝土，养护时间不应少于 7d

D. 后浇带混凝土的养护时间不应少于 7d

45.【重点】墙模板内混凝土浇筑（粗骨料最大粒径为 36.5mm）时出料口距离工作面达到（　　）及以上时，应采用溜槽或串筒等措施。[单选]

A. 1m　　　　　　　　　　　　　　　　B. 2m

C. 3m　　　　　　　　　　　　　　　　D. 5m

46.【难点】下列关于混凝土的养护，说法正确的有（　　）。[多选]

A. 采用硅酸盐水泥配制的混凝土，不应少于 7d

B. 采用矿渣硅酸盐水泥配制的混凝土，不应少于 7d

C. 采用缓凝型外加剂的混凝土，不应少于14d

D. 后浇带混凝土的养护时间不应少于14d

E. 地下室底层墙的养护时间同上部结构养护时间相同

47.【难点】背景资料：

　　某办公楼工程，建筑面积为8 860m²，建筑高度为45m，地下1层，基坑深度为4.6m，地上11层，钢筋混凝土框架结构。

　　隐蔽工程验收合格后，施工单位填报了浇筑申请单，监理工程师签字确认。施工班组将水平输送泵管固定在脚手架小横杆上，采用振捣棒倾斜于混凝土内由近及远、分层浇筑，监理工程师发现后责令停工整改。[案例节选]

　　问题：

　　在浇筑混凝土工作中，施工班组的做法有哪些不妥之处？请说明正确做法。

考点 10　施工缝与后浇带

48.【重点】有抗震要求的钢筋混凝土框架结构，其楼梯的施工缝宜留置在（　　）。[单选]

A. 任意部位

B. 梯段板跨度中部的1/3范围内

C. 梯段与休息平台板的连接处

D. 梯段板跨度端部的1/3范围内

49.【难点】背景资料：

　　某高校新建校区，包括办公楼、教学楼、科研中心、后勤服务楼、学生宿舍等多个单体建筑，由某建筑工程公司进行该群体工程的施工建设。其中，科研中心工程为现浇钢筋混凝土框架结构，地上10层，地下2层，建筑檐口高度为45m，由于有超大尺寸的特殊试验设备，设置在地下二层的试验室为两层通高，结构设计图纸说明中规定地下室的后浇带需待主楼结构封顶后才能封闭。

　　在施工过程中，发生了下列事件：

　　事件三：科研中心工程的后浇带施工方案中明确指出：

　　（1）梁、板的模板与支架整体一次性搭设完毕。

　　（2）两侧混凝土结构强度达到拆模条件后，拆除所有底模及支架，后浇带位置处重新搭设支架及模板，两侧进行回顶，待主体结构封顶后浇筑后浇带混凝土。

　　监理工程师认为方案中存在不妥，责令改正后重新报审，针对后浇带混凝土填充作业，监理工程师要求施工单位提前将施工技术要点以书面形式对作业人员进行交底。[案例节选]

　　问题：

　　事件三中，后浇带施工方案中有哪些不妥之处？后浇带混凝土填充作业的施工技术要点主要有哪些？

考点 11　大体积混凝土施工

50.【基础】在大体积混凝土养护的温控过程中，其降温速率一般不宜大于（　　）。[单选]

A. 1.0℃/d　　　　　　　　　　　B. 1.5℃/d

C. 2.0℃/d　　　　　　　　　　　D. 2.5℃/d

51.【难点】某办公楼工程底板大体积混凝土浇筑及养护的下列做法中，正确的有（　　）。[多选]

A. 混凝土浇筑从高处开始，沿短边方向自一端向另一端进行

B. 采用整体连续浇筑，浇筑厚度为300~500mm

C. 采用普通硅酸盐水泥拌制的混凝土养护时间不得少于 7d

D. 养护至 72h 时，测温显示混凝土内部温度 70℃，混凝土表面温度 35℃

E. 在大体积混凝土养护的温控过程中，其降温速率一般不宜大于 2.0℃/d

52.【难点】背景资料：

某办公楼工程，建筑面积为 82 000m²，地下 3 层，地上 20 层，钢筋混凝土框架—剪力墙结构，距邻近 6 层住宅楼 7m。基础底板混凝土厚 1 500mm，水泥采用普通硅酸盐水泥，采取整体连续分层浇筑方式施工。在混凝土浇筑完成 12h 内对混凝土表面进行保温保湿养护，养护持续 7d。养护至 72h 时，测温显示混凝土内部温度为 70℃，混凝土表面温度为 30℃。[案例节选]

问题：

请指出底板大体积混凝土浇筑及养护的不妥之处，并说明正确做法。

考点 12 砌筑砂浆

53.【基础】水泥砂浆和水泥混合砂浆采用机械搅拌时，搅拌时间不得少于（　　）。[单选]

A. 100s
B. 120s
C. 180s
D. 210s

54.【基础】当施工期间最高气温为 35℃时，拌制的砂浆应在（　　）内使用完毕。[单选]

A. 1h
B. 2h
C. 3h
D. 4h

55.【基础】砌筑砂浆的分层度不得大于（　　），确保砂浆具有良好的保水性。[单选]

A. 10mm
B. 20mm
C. 25mm
D. 30mm

56.【基础】砌筑砂浆的稠度可以为（　　）。[单选]

A. 20mm
B. 50mm
C. 100mm
D. 120mm

考点 13 砖砌体工程

57.【基础】在抗震设防烈度 8 度及以上地区，砖砌体结构的转角处或交接处不能同时砌筑而又必须留置的临时间断处应砌成（　　）。[单选]

A. 马牙槎
B. 斜槎
C. 凸槎
D. 直槎

58.【重点】砖砌体工程采用铺浆法砌筑时，铺浆长度不得超过 750mm；施工期间气温超过 30℃时，铺浆长度不得超过（　　）。[单选]

A. 500mm
B. 550mm
C. 600mm
D. 650mm

59.【基础】砖砌体"三一"砌筑法的具体含义是指（　　）。[多选]

A. 一个人
B. 一铲灰
C. 一块砖
D. 一揉压
E. 一勾缝

60.【难点】设计有钢筋混凝土构造柱的抗震多层砖房，下列施工做法中正确的有（　　）。[多选]

A. 先绑扎构造柱钢筋，然后砌砖墙

B. 构造柱沿高度方向每 1 000mm 设一道拉结筋

C. 拉结筋每边伸入砖墙不少于 500mm

D. 马牙槎沿高度方向的尺寸不超过 300mm

E. 马牙槎从每层柱脚开始，应先退后进

61.【重点】下列各项中，不得设置脚手眼的有（　　）。[多选]

A. 120mm 厚墙、清水墙、料石墙、独立柱和附墙柱

B. 门窗洞口两侧砖砌体 300mm 范围内

C. 宽度为 1.2m 的窗间墙

D. 过梁上与过梁成 60°角的三角形范围及过梁净跨度 1/2 的高度范围内

E. 梁或梁垫下及其左右 500mm 范围内

考点 14 混凝土小型空心砌块砌体工程

62.【基础】《砌体结构工程施工质量验收规范》（GB 50203—2011）规定，施工时所用的小砌块的产品龄期不应小于（　　）。[单选]

A. 12d　　　　　　　　　　　　　　B. 24d

C. 28d　　　　　　　　　　　　　　D. 36d

63.【重点】下列关于普通混凝土小砌块的施工做法，错误的有（　　）。[多选]

A. 施工时所用的小砌块的产品龄期不应小于 28d

B. 当砌筑厚度大于 180mm 的小砌块墙体时，宜在墙体内外侧双面挂线

C. 底面朝下正砌于墙上

D. 待小砌块表面出现浮水后开始砌筑施工

E. 小砌块应孔对孔、肋对肋错缝搭砌

64.【难点】下列关于普通混凝土小砌块的施工做法，正确的有（　　）。[多选]

A. 在施工前先浇水湿透

B. 清除表面污物

C. 底面朝下正砌于墙上

D. 底面朝上反砌于墙上

E. 小砌块在使用时的龄期已达到 28d

考点 15 填充墙砌体工程

65.【基础】砌块进场后应按品种、规格堆放整齐，堆置高度不宜超过（　　）。[单选]

A. 2m　　　　　　　　　　　　　　B. 4m

C. 6m　　　　　　　　　　　　　　D. 8m

66.【难点】下列关于小型空心砌块砌筑工艺的说法，正确的是（　　）。[单选]

A. 上下通缝砌筑

B. 不可采用铺浆法砌筑

C. 先绑扎构造柱钢筋后砌筑，再浇筑混凝土

D. 在厨房采用蒸压加气混凝土砌块砌筑墙体时，墙底部宜现浇混凝土坎台，其高度宜为 100mm

67.【重点】轻骨料混凝土小型空心砌块或蒸压加气混凝土砌块墙如无切实有效措施，不得使用的部位或环境有（　　）。[多选]

A. 抗震等级高的地区

B. 长期浸水或化学侵蚀环境

C. 建筑物防潮层以上墙体

D. 砌块表面温度高于 80℃ 的部位

E. 长期处于有振动源环境的墙体

考点 16 钢结构构件的连接

68.【基础】高强度螺栓的安装环境气温不宜低于（　　）。[单选]

A. 5℃ 　　　　　　　　　　　　　 B. 0℃

C. －5℃ 　　　　　　　　　　　　 D. －10℃

69.【重点】易产生焊缝固体夹渣缺陷的原因是（　　）。[单选]

A. 焊缝布置不当

B. 焊前未加热

C. 焊接电流太小

D. 焊后冷却快

70.【重点】建筑工程中，高强度螺栓连接钢结构时，其紧固次序应为（　　）。[单选]

A. 从中间开始，对称向两边进行

B. 从两边开始，对称向中间进行

C. 从一边开始，依次向另一边进行

D. 根据螺栓受力情况而定

71.【难点】钢结构常用的焊接方法中，属于半自动焊接方法的是（　　）。[单选]

A. 埋弧焊 　　　　　　　　　　　 B. 重力焊

C. 非熔化嘴电渣焊 　　　　　　　 D. 熔化嘴电渣焊

72.【重点】关于高强度螺栓，下列说法错误的是（　　）。[单选]

A. 当摩擦面潮湿或暴露于雨雪中时停止作业

B. 连接摩擦面保持干燥、清洁，不应有飞边、毛刺、焊接飞溅物、焊疤、氧化铁皮、污垢等

C. 高强度螺栓不得兼作安装螺栓

D. 高强度螺栓现场安装时应强行穿入

73.【基础】钢结构的连接方法不包括（　　）。[多选]

A. 焊接 　　　　　　　　　　　　 B. 摩擦连接

C. 螺栓连接 　　　　　　　　　　 D. 铆接

E. 张拉连接

考点 17 钢结构涂装

74.【重点】厚型防火涂料在遇到（　　）时，宜在涂层内设置与钢构件相连的钢丝网或其他相应的措施。[单选]

A. 承受冲击、振动荷载的钢梁

B. 涂层厚度小于 40mm 的钢梁和桁架

C. 涂料粘结强度大于 0.05MPa 的钢构件

D. 钢板墙和腹板高度小于 1.5m 的钢梁

75.【基础】钢结构防火涂料常用的施工方法有（　　）。[多选]

A. 喷涂 　　　　　　　　　　　　 B. 弹涂

C. 抹涂 　　　　　　　　　　　　 D. 滚涂

E. 甩涂

考点18 装配式混凝土结构工程施工

76. 【基础】预制水平类构件采用叠放方式时，垫木间距不应大于（　　）。[单选]
    A. 1 000mm
    B. 1 400mm
    C. 1 600mm
    D. 1 800mm

77. 【难点】背景资料：

  　　某住宅小区工程，地下3层，地上20层，建筑面积为25 000m²，地上二层以上为装配式混凝土结构，预制墙板主筋采用套筒灌浆连接，构件加工由建设单位和中标单位共同选定。

  　　一个工作班组在吊装完成一个检验批工作量后，班组长抽调其中的5人开始给预留的孔隙（洞）做灌注浆料的前期准备和后续工作。浆料从上口灌注，在压力作用下从下口流出，并及时对流出浆料部位封堵；同时，一组100mm×100mm×100mm的立方体试件制作完成，以备验证28d后的浆料抗压强度。此时，总监理工程师巡查发现灌浆工作没有按方案操作，对现场监理提出了批评，给施工单位下发了停工令。[案例节选]

  　　问题：
  　　请指出该检验批灌浆过程中的不妥之处，并说明正确做法。

78. 【重点】下列关于预制剪力墙墙板吊装工艺流程，排序正确的是（　　）。[单选]
    A. 基层处理→测量→预制墙板起吊→下层竖向钢筋对孔→预制墙板就位→摘钩→安装临时支撑→预制墙板校正→临时支撑固定→堵缝、灌浆
    B. 测量→基层处理→预制墙板起吊→下层竖向钢筋对孔→预制墙板就位→摘钩→安装临时支撑→预制墙板校正→临时支撑固定→堵缝、灌浆
    C. 基层处理→测量→预制墙板起吊→下层竖向钢筋对孔→预制墙板就位→安装临时支撑→预制墙板校正→临时支撑固定→摘钩→堵缝、灌浆
    D. 测量→基层处理→预制墙板起吊→下层竖向钢筋对孔→预制墙板就位→堵缝、灌浆→安装临时支撑→预制墙板校正→临时支撑固定→摘钩

79. 【难点】预制构件在吊装的过程中应符合的要求是（　　）。[单选]
    A. 预制构件吊装应采用快起、慢升、缓放的操作方式
    B. 吊索与构件的水平夹角不宜小于60°
    C. 吊索与构件的水平夹角不宜小于45°
    D. 对单个构件高度超过15m的预制柱、墙等，需设缆风绳

80. 【重点】预制叠合板吊装工艺流程的主要工作有：①测量放线；②摘钩；③支撑架体调节；④支撑架体搭设；⑤叠合板起吊与落位；⑥叠合板位置、标高确认。正确的吊装顺序是（　　）。[单选]
    A. ①②③④⑤⑥
    B. ①③⑤⑥④②
    C. ①④③⑤⑥②
    D. ①④③②⑤⑥

81. 【难点】下列关于装配式工程钢筋套筒灌浆作业的做法，正确的是（　　）。[单选]
    A. 每工作班至少制作3组且每层不应少于1组试件
    B. 浆料在制备后1h内用完
    C. 灌浆料试件为40mm×40mm×160mm的长方体试件
    D. 施工环境温度不低于0℃

第四节　屋面、防水与保温工程施工

▶ 考点1 地下防水工程防水混凝土施工

82.【重点】防水混凝土试配时的抗渗等级应比设计要求提高（　　）。[单选]
　　A. 0.1MPa
　　B. 0.2MPa
　　C. 0.3MPa
　　D. 0.4MPa

83.【基础】大体积防水混凝土养护时间不得少于（　　）。[单选]
　　A. 7d
　　B. 10d
　　C. 14d
　　D. 21d

84.【重点】关于地下防水工程防水混凝土施工要求，下列说法错误的有（　　）。[多选]
　　A. 防水混凝土抗渗等级不得小于P6
　　B. 试配混凝土的抗渗等级应比设计要求提高0.2MPa
　　C. 用于防水混凝土的水泥品种宜采用火山灰水泥
　　D. 不宜使用海砂
　　E. 应采用人工搅拌，搅拌时间不宜短于2min

▶ 考点2 地下防水工程卷材防水层施工

85.【难点】下列关于建筑防水工程的说法，正确的是（　　）。[单选]
　　A. 防水混凝土拌合物运输中坍落度损失时，可现场加水弥补
　　B. 水泥砂浆防水层适用于受持续振动的地下工程
　　C. 卷材防水层上下两层卷材不得相互垂直铺贴
　　D. 有机涂料防水层施工前应当充分润湿基层

86.【重点】可以进行防水工程卷材防水层施工的环境是（　　）。[单选]
　　A. 雨天
　　B. 夜间
　　C. 雪天
　　D. 六级大风

87.【重点】外墙采用外防外贴的防水卷材施工方法应采用（　　）。[单选]
　　A. 空铺法
　　B. 点粘法
　　C. 条粘法
　　D. 满粘法

88.【难点】下列关于施工防水卷材的说法，正确的有（　　）。[多选]
　　A. 基础底板防水混凝土垫层上铺卷材应采用满粘法
　　B. 地下室外墙外防外贴卷材应采用点粘法
　　C. 基层阴阳角处应做成圆弧或折角后再铺贴
　　D. 铺贴双层卷材时，上下两层卷材应垂直铺贴
　　E. 铺贴双层卷材时，上下两层卷材接缝应错开

89.【基础】下列关于外防内贴法铺贴卷材防水层的说法，错误的是（　　）。[单选]
　　A. 混凝土结构的保护墙内表面应抹厚度为20mm的1∶3水泥砂浆找平层
　　B. 先抹水泥砂浆找平，再铺贴卷材
　　C. 卷材宜先铺立面，后铺平面

D. 铺贴立面时，应先铺大面，后铺转角

考点3 屋面卷材防水施工

90. 【重点】平屋面工程的防水做法中，一级防水等级的防水做法至少应设（　　）道。[单选]

    A. 4   B. 3

    C. 2   D. 1

91. 【重点】下列关于屋面防水施工的说法，正确的是（　　）。[单选]

    A. 保温层上的找平层留设分格缝，缝宽为25mm

    B. 檐沟、天沟纵向找坡不应小于3%

    C. 卷材宜垂直屋脊铺贴，上下层卷材不得相互垂直铺贴

    D. 厚度小于3mm的高聚物改性沥青防水卷材，严禁采用热熔法施工

92. 【重点】下列关于涂膜防水层的施工，说法错误的是（　　）。[单选]

    A. 当采用溶剂型、热熔型和反应固化型防水涂料时，基层应干燥

    B. 屋面转角及立面的涂膜应薄涂多遍，不得流淌和堆积

    C. 涂膜施工应先进行大面积涂布，再做好细部处理

    D. 聚合物水泥防水涂料宜选用刮涂法施工

93. 【基础】立面或大坡面铺贴防水卷材时，应采用的施工方法是（　　）。[单选]

    A. 空铺法   B. 点粘法

    C. 条粘法   D. 满粘法

94. 【基础】下列关于屋面防水卷材搭接缝的说法，正确的是（　　）。[单选]

    A. 平行屋脊的搭接缝应顺流水方向

    B. 上下层卷材长边搭接缝应对齐

    C. 搭接缝宜留在沟底

    D. 在天沟与屋面的交接处，应采用顺接法搭接

95. 【重点】下列关于屋面防水保护层的说法，错误的有（　　）。[多选]

    A. 在砂结合层上铺设块体时，砂结合层应平整，块体间应紧凑不留缝隙

    B. 块体表面应洁净、色泽一致，应无裂纹、掉角和缺楞等缺陷

    C. 细石混凝土铺设不宜留施工缝

    D. 施工完的防水层应进行雨后观察、淋水或蓄水试验

    E. 先在水泥砂浆结合层上铺设块体，再在防水层上做隔离层

考点4 外墙外保温工程施工技术

96. 【重点】下列关于外墙外保温工程施工要点的说法，正确的是（　　）。[单选]

    A. EPS板薄抹灰系统中，至少在胶粘剂使用12h后进行锚固件固定

    B. 采用EPS板无网现浇系统施工时，混凝土的一次浇筑高度不宜小于1m

    C. 胶粉EPS颗粒保温浆料保温层的厚度不宜超过100mm

    D. EPS板薄抹灰系统中，拌好的胶粘剂静置5min后须二次搅拌才能使用

97. 【基础】关于外墙外保温的施工条件，说法正确的有（　　）。[多选]

    A. 作业环境温度不应低于10℃

    B. 雨雪天气时，做好防护措施

    C. 施工用的外脚手架、吊篮等满足施工要求

    D. 外墙面的平整度、垂直度及外观质量验收合格

    E. 有完整的施工方案和技术交底

98.【重点】背景资料：

　　某建设项目为钢筋混凝土现浇框架结构，外墙外保温采用胶粉 EPS 颗粒保温砂浆系统，其构造如图 1-1 所示。[案例节选]

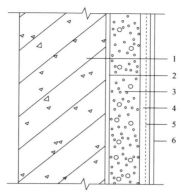

图 1-1　外墙外保温采用胶粉 EPS 颗粒保温砂浆系统构造示意图

　　问题：

　　请写出图中数字代表的结构名称。

第五节　装饰装修工程施工

▶ 考点 1　吊顶工程施工

99.【基础】在硅钙板吊顶工程中，可用于固定吊扇的是（　　）。[单选]

　　A. 主龙骨　　　　　　　　　　　　　　　B. 次龙骨

　　C. 面板　　　　　　　　　　　　　　　　D. 附加吊杆

100.【基础】吊杆距主龙骨端部距离不得大于（　　）。[单选]

　　A. 100mm　　　　　　　　　　　　　　　B. 200mm

　　C. 300mm　　　　　　　　　　　　　　　D. 400mm

101.【难点】下列关于建筑装饰装修吊顶工程施工方法的说法，错误的是（　　）。[单选]

　　A. 吊杆距主龙骨端部距离不得大于 300mm

　　B. 纸面石膏板应在自由状态下进行固定，固定时应从板的四周向中间固定

　　C. 当石膏板吊顶面积大于 100m² 时，纵横方向每 15m 距离处宜作伸缩缝处理

　　D. 吊杆长度大于 1 500mm 时，应设置反向支撑

102.【基础】吊杆距主龙骨端部和距墙的距离不应大于 300mm。主龙骨上吊杆之间的距离应小于 1 000mm，主龙骨间距不应大于 1 200mm，当吊杆长度大于 1.5m 时，应设置（　　）。[单选]

　　A. 单向支撑　　　　　　　　　　　　　　B. 多向支撑

　　C. 双向支撑　　　　　　　　　　　　　　D. 反向支撑

103.【重点】下列关于吊顶龙骨安装的说法，错误的有（　　）。[多选]

　　A. 主龙骨的接长应采取接长件，相邻龙骨的对接接头要相互错开

　　B. 次龙骨间距为 250mm

　　C. 采用焊接方式时，焊点应作防腐处理

　　D. 面积大于 300m² 的吊顶，在主龙骨上每隔 20m 加一道横卧主龙骨

　　E. 横撑龙骨应用挂插件固定在主龙骨上

考点2 轻质隔墙工程施工

104.【基础】高度 4.5m 的隔墙，每隔（   ）设置一根贯通龙骨。[单选]

　　A. 2.0m　　　　　　　　　　　　　　B. 1.5m

　　C. 1.2m　　　　　　　　　　　　　　D. 1.0m

105.【重点】符合骨架隔墙石膏板安装技术要求的是（   ）。[单选]

　　A. 从板的两边向中间固定

　　B. 从板的中间向板的四周固定

　　C. 石膏板的轻钢龙骨不得采用自攻螺钉固定

　　D. 石膏板应横向铺设，长边接缝应落在横向龙骨上

106.【重点】关于石膏板骨架隔墙施工方案，下列说法正确的有（   ）。[多选]

　　A. 石膏板应竖向铺设，长边接缝应落在竖向龙骨上

　　B. 填充隔声防火材料随面层安装逐层跟进，直至全部封闭

　　C. 石膏板用自攻螺钉固定，先固定板四边，后固定板中部

　　D. 钉头略埋入板内，钉眼用石膏腻子抹平

　　E. 石膏板应采用自攻螺钉固定

107.【基础】下列隔墙类型中，属于轻质隔墙的有（   ）。[多选]

　　A. 板材隔墙　　　　　　　　　　　　B. 骨架隔墙

　　C. 活动隔墙　　　　　　　　　　　　D. 玻璃隔墙

　　E. 空心砌块墙

考点3 建筑幕墙工程施工

108.【基础】当锚筋直径不大于 20mm 时，宜采用（   ）。[单选]

　　A. 压力埋弧焊　　　　　　　　　　　B. 穿孔塞焊

　　C. 手工焊　　　　　　　　　　　　　D. 埋弧焊

109.【重点】下列关于建筑幕墙预埋件的说法，正确的是（   ）。[单选]

　　A. 不得采用 HRB400 级热轧钢筋制作锚筋

　　B. 预埋件的数量、规格、位置和防腐处理必须符合设计要求

　　C. 直锚筋与锚板应采用 L 形焊

　　D. 可采用冷加工钢筋制作的锚筋

110.【重点】幕墙与每层楼板、隔墙处的缝隙应采用防火封堵材料封堵，外墙上下开口处应各设置一道防火封堵，其厚度不应小于（   ）。[单选]

　　A. 300mm　　　　　B. 200mm　　　　　C. 150mm　　　　　D. 50mm

111.【基础】玻璃幕墙开启窗的开启角度不宜大于（   ），开启距离不宜大于（   ）。[单选]

　　A. 50°，300mm　　　　　　　　　　　B. 30°，300mm

　　C. 20°，200mm　　　　　　　　　　　D. 25°，200mm

112.【基础】幕墙的铝合金立柱，在不大于（   ）范围内宜有一根立柱采用柔性导线，把每个上柱与下柱的连接处连通。[单选]

　　A. 25m　　　　　　　　　　　　　　B. 20m

　　C. 15m　　　　　　　　　　　　　　D. 10m

113.【基础】建筑幕墙中的铜制柔性导线，截面面积不宜小于（   ）。[单选]

　　A. 25mm²　　　　　　　　　　　　　B. 20mm²

C. 15mm²   D. 10mm²

第六节 季节性施工技术

▶ 考点 1 冬期施工技术

114.【基础】砌体冬期采用氯盐砂浆施工，每日砌筑高度不宜超过（ ）。[单选]

A. 1.8m   B. 1.5m

C. 1.2m   D. 一步脚手架的高度

115.【基础】进入冬期施工的条件是（ ）。[单选]

A. 当室外日最高气温连续 5 天稳定低于 10℃

B. 当室外日最低气温连续 5 天稳定低于 5℃

C. 当室外日平均气温连续 5 天稳定低于 5℃

D. 当室外日平均气温连续 5 天稳定低于 10℃

▶ 考点 2 雨期施工技术

116.【基础】雨期施工期间，为保护后浇带处的钢筋，基础后浇带可两边各砌一道（ ）的砖墙。[单选]

A. 120mm×200mm   B. 120mm×150mm

C. 100mm×200mm   D. 150mm×200mm

117.【难点】关于钢筋混凝土工程雨期施工，下列说法错误的是（ ）。[单选]

A. 雨天不应在露天砌筑墙体，对下雨当日砌筑的墙体应进行遮盖

B. 钢筋机械可以设置在松软的场地上

C. 应实时监测粗、细骨料含水率，及时调整混凝土配合比

D. 为保护后浇带处的钢筋，基础后浇带可两边各砌一道砖墙，上用硬质材料或预制板封口

▶ 考点 3 高温天气施工技术

118.【基础】高温天气期间，通常混凝土搅拌运输车罐体涂装颜色是（ ）。[单选]

A. 蓝色   B. 绿色

C. 灰色   D. 白色

119.【重点】下列关于高温天气混凝土施工的说法，错误的是（ ）。[单选]

A. 混凝土浇筑宜在早间或晚间进行

B. 当水分蒸发速率大于 1kg/（m²·h）时，应在施工作业面采取吹风、遮阳、喷雾等措施

C. 侧模拆除前宜采用带模湿润养护

D. 对混凝土输送管应进行遮阳覆盖，并应洒水降温

［选择题］参考答案

1. C	2. B	3. D	4. ADE	5. C	6. CDE
7. AB	8. D	9. B	10. A	11. ABC	12. A
13. B	14. ABCD	15. D	16. A	17. C	18. C
19. A	20. BCE	21. A	22. B	23. ABCD	24. —
25. C	26. C	27. BC	28. BCE	29. AD	30. D
31. B	32. B	33. ABE	34. BC	35. —	36. A

37. C	38. A	39. BDE	40. C	41. D	42. C
43. A	44. C	45. C	46. ABCD	47. —	48. D
49. —	50. C	51. BE	52. —	53. B	54. B
55. D	56. B	57. B	58. A	59. BCD	60. ADE
61. ADE	62. C	63. BCD	64. DE	65. A	66. C
67. BDE	68. D	69. C	70. A	71. B	72. D
73. BE	74. A	75. ACD	76. C	77. —	78. C
79. B	80. C	81. C	82. B	83. C	84. CE
85. C	86. B	87. D	88. CE	89. D	90. B
91. D	92. C	93. D	94. A	95. AE	96. C
97. CDE	98. —	99. D	100. C	101. B	102. D
103. BDE	104. C	105. B	106. AE	107. ABCD	108. A
109. B	110. B	111. B	112. D	113. A	114. C
115. C	116. A	117. B	118. D	119. B	

- 微信扫码查看本章解析
- 领取更多学习备考资料

考试大纲　考前抢分
答案解析　思维导图

[案例节选] 参考答案

24. 施工单位应补充：①模板及支架的承载力、刚度验算；②模板及支架的抗倾覆验算。

35. （1）不正确。

理由：试件应该在同样条件下养护后测试，框架间距为8m×8m时，板的强度至少达到75%后才能拆模。

（2）拆模顺序为：按先支的后拆，后支的先拆，先拆除非承重模板，后拆除承重模板的拆模顺序进行。

47. 不妥之处一：施工班组将水平输送泵管固定在脚手架小横杆上。

正确做法：输送泵管应采用支架固定，支架应与结构牢固连接，输送泵管转向处支架应加密。

不妥之处二：振捣棒倾斜于混凝土内。

正确做法：振捣棒应垂直于混凝土表面。

不妥之处三：采用振捣棒倾斜于混凝土内由近及远分层浇筑。

正确做法：应插入混凝土内由远及近浇筑。

49. （1）不妥之处一：梁、板的模板与支架整体一次性搭设完毕。

正确做法：后浇带模板与支架单独设置。

不妥之处二：待主体结构封顶后浇筑后浇带混凝土。

正确做法：后浇带根据设计要求留设。若设计无要求，则至少保留14d后再浇筑。

不妥之处三：两侧混凝土结构强度达到拆模条件后，拆除所有底模及支架，后浇带位置处重新搭设支架及模板。

正确做法：后浇带处的模板应待后浇带混凝土达到拆模要求后再拆除。

（2）后浇带混凝土填充作业的施工技术要点：后浇带应采取钢筋防锈或阻锈等保护措施。填充后浇带可采用微膨胀混凝土，强度等级比原结构强度提高一级，并保持至少 14d 的湿润养护。后浇带接缝处按施工缝的要求处理。

52. 不妥之处一：混凝土保湿养护持续 7d。

正确做法：保湿养护持续时间不少于 14d。

不妥之处二：养护至 72h 时，测温显示混凝土内部温度为 70℃，混凝土表面温度为 30℃。

正确做法：大体积混凝土浇筑体的里表温差（不含混凝土收缩的当量温度）不宜大于 25℃。

77. 不妥之处一：一个工作班组在吊装完成一个检验批工作量后，班组长抽调其中的 5 人开始给预留的孔隙（洞）做灌注浆料的前期准备和后续工作。

正确做法：灌浆料应由经培训合格的专业人员按配置要求计量灌浆材料和水的用量，经搅拌均匀后测定其流动度满足设计要求后方可灌注。

不妥之处二：浆料从上口灌注，在压力作用下从下口流出，并及时对流出浆料部位封堵。

正确做法：灌浆作业应采用压浆法从下口灌注，当浆料从上口流出后应及时封堵，必要时可设分仓进行灌浆。灌浆料拌合物应在制备后 30min 内用完。

不妥之处三：同时，一组 100mm×100mm×100mm 的立方体试件制作完成，以备验证 28d 后的浆料抗压强度。

正确做法：灌浆作业应及时做好施工质量检查记录，并按要求每工作班应制作一组且每层不应少于三组 40mm×40mm×160mm 的长方体试件，标准养护 28d 后进行抗压强度试验。

98. 1——基层；2——界面砂浆；3——胶粉 EPS 颗粒保温浆料；4——抗裂砂浆薄抹面层；5——玻纤网；6——饰面层。

✐ 学习总结

....

....

....

....

....

....

....

....

....

....

....

....

第二篇

建筑工程相关法规与标准

第四章 相关法规

考点 建筑工程施工相关法规

1.【重点】有（ ）基坑坍塌风险预兆，且未及时处理，应判定为重大事故隐患。[多选]

A. 支护结构或周边建筑物变形值超过设计变形控制值

B. 基坑侧壁出现大量漏水、流土

C. 基坑底部出现管涌

D. 基坑支护选型不合适

E. 桩间土流失，孔洞深度超过桩径

2.【重点】施工现场建筑垃圾减量化应遵循的原则有（ ）。[多选]

A. 排放控制　　　　　　　　　　B. 源头减量

C. 估算先行　　　　　　　　　　D. 分类管理

E. 创收增效

3.【重点】企业安全生产费用的管理原则有（ ）。[多选]

A. 节约成本　　　　　　　　　　B. 筹措有章

C. 支出有据　　　　　　　　　　D. 管理有序

E. 监督有效

[选择题] 参考答案

1. ABCE　　　2. ABCD　　　3. BCDE

- 微信扫码查看本章解析
- 领取更多学习备考资料

考试大纲　考前抢分
答案解析　思维导图

✎ 学习总结

....

....

....

....

第五章　相关标准

考点 1　地基基础工程施工相关标准

1. 【重点】地基基础工程验收时，应提交的资料有（　　）。[多选]
   A. 开工报告
   B. 设计文件
   C. 监理细则
   D. 监测资料
   E. 定位放线记录

2. 【难点】关于地下水控制，下列说法正确的有（　　）。[多选]
   A. 排水系统最大排水能力不应小于工程所需最大排量的 1.1 倍
   B. 减压预降水时间应根据设计要求或减压降水验证试验结果确定
   C. 开挖前潜水水位应控制在土层开挖面以下 1.5m
   D. 回灌管井正式施工时应进行试成孔，试成孔数量不应少于 2 个
   E. 回灌管井施工完成后的休止期不应少于 14d

3. 【基础】以下属于夯实地基处理深度的是（　　）。[单选]
   A. 2m
   B. 5m
   C. 15m
   D. 30m

考点 2　装饰装修工程施工相关标准

4. 【难点】严寒地区保温粘结材料的复验项目是（　　）。[单选]
   A. 厚度
   B. 导热系数
   C. 冻融循环
   D. 压缩强度

5. 【重点】节能建筑工程评价指标体系包含的指标类别有（　　）。[多选]
   A. 建筑围护结构
   B. 电气与照明
   C. 防腐与防火
   D. 运营管理
   E. 建筑规划

[选择题] 参考答案

1. BDE　　2. BDE　　3. B　　4. C　　5. ABDE

- 微信扫码查看本章解析
- 领取更多学习备考资料

考试大纲　考前抢分
答案解析　思维导图

✎ 学习总结

第三篇

建筑工程项目管理实务

第六章　建筑工程企业资质与施工组织

第一节　建筑工程施工企业资质

考点 1　建筑工程施工企业资质分类

1.【基础】建筑工程施工总承包资质共可分为（　　）级。[单选]
　　A. 五 B. 四
　　C. 三 D. 二

2.【重点】下列企业规模属于特级资质的是（　　）。[单选]
　　A. 企业经理具有 8 年从事工程管理工作经历
　　B. 企业注册资本达 4 亿元
　　C. 技术负责人具有 12 年从事工程技术管理工作经历且具有工程序列高级职称
　　D. 企业具有注册一级建造师（一级项目经理）48 人

3.【基础】关于建筑工程施工总承包一级资质，下列说法正确的有（　　）。[多选]
　　A. 建筑工程专业一级注册建造师不少于 9 人
　　B. 企业净资产在 1 亿元以上
　　C. 技术负责人具有 8 年以上从事工程施工技术管理工作经历
　　D. 经考核或培训合格的中级工以上技术工人不少于 150 人
　　E. 持有岗位证书的施工现场管理人员不少于 50 人

考点 2　承包工程范围

4.【基础】二级资质企业可承担的建筑工程有（　　）。[多选]
　　A. 单项合同金额在 3 000 万元以上建筑工程
　　B. 高度在 100m 以下的工业、民用建筑工程
　　C. 建筑面积在 40 000m² 以下的单体工业、民用建筑工程
　　D. 高度在 120m 以下的构筑物工程
　　E. 单跨跨度在 39m 以下的建筑工程

5.【基础】下列工程规模中，可由三级资质企业承担的是（　　）。[单选]
　　A. 高度 80m 以下的构筑物工程
　　B. 建筑面积 15 000m² 以下的单体工业、民用建筑工程
　　C. 单跨跨度 27m 以下的建筑工程
　　D. 高度 100m 以下的工业、民用建筑工程

考点 3　企业资质管理

6.【基础】建筑业企业资质证书有效期届满，企业继续从事建筑施工活动的，应当于资质证书有效期届满（　　）个月前，向原资质许可机关提出延续申请。[单选]
　　A. 1 B. 3 C. 5 D. 6

7. 【重点】下列关于企业资质管理的法律责任，说法正确的是（　　　）。[单选]
   A. 申请企业隐瞒有关真实情况或者提供虚假材料申请建筑业企业资质的，在 3 年内不得再次申请建筑业企业资质
   B. 企业未按照规定及时办理建筑业企业资质证书变更手续，逾期不办理的，可处以 1 万元以下的罚款
   C. 企业以欺骗、贿赂等不正当手段取得建筑业企业资质的，由原资质许可机关予以撤销
   D. 企业以欺骗、贿赂等不正当手段取得建筑业企业资质的，申请企业 1 年内不得再次申请建筑业企业资质

第二节　二级建造师执业范围

▶ 考点　二级建造师执业范围界定

8. 【基础】下列房屋建筑专业工程规模中，可由二级建造师担任项目负责人的是（　　　）。[单选]
   A. 25 层的一般房屋建筑工程
   B. 单项工程合同额为 50 万元的装饰装修工程
   C. 地基处理深度为 20m 的软弱地基处理工程
   D. 土方量为 80 万 m³ 的土石方工程

9. 【基础】下列地基与基础工程，二级建造师可担任项目负责人的是（　　　）。[单选]
   A. 构筑物高度为 100m 的地基工程
   B. 单项工程合同额为 1 100 万元的装饰装修工程
   C. 地基处理深度为 8m 的软弱地基处理工程
   D. 基坑深度为 2.5m 的基坑围护工程

第三节　施工项目管理机构

▶ 考点　施工项目管理机构设置

10. 【基础】建立项目管理机构的步骤有：①根据组织结构，确定岗位职责、权限以及人员配置；②根据项目管理规划大纲、项目管理目标责任书及合同要求明确管理任务；③根据管理任务分解和归类，明确组织结构；④由组织管理层审核认定；⑤制定工作程序和管理制度。正确的步骤是（　　　）。[单选]
    A. ②③①④⑤
    B. ②③①⑤④
    C. ②①③⑤④
    D. ③②①⑤④

11. 【基础】项目管理目标责任书的内容包括（　　　）。[多选]
    A. 组织和项目管理机构职责
    B. 项目所需资源的获取和核算办法
    C. 项目管理实施目标
    D. 项目管理效果和目标实现的评价原则
    E. 项目经理的履历

第四节　施工组织设计

 考点 1　施工组织设计的编制与管理

12.【基础】施工组织设计按编制对象，可分为（　　　）。[多选]

A. 施工组织总设计

B. 单位工程施工组织设计

C. 施工部署

D. 施工进度计划

E. 施工方案

13.【重点】背景资料：

　　某建筑施工单位在新建办公楼工程前，按照《建筑施工组织设计规范》（GB/T 50502—2009）规定的单位工程施工组织设计应包含的各项基本内容编制了本工程的施工组织设计，经相应人员审批后报监理机构，在总监理工程师审批签字后按此施工组织设计施工。[案例节选]

　　问题：

　　本工程的施工组织设计中应包含哪些基本内容？

14.【重点】背景资料：

　　某建筑施工单位在新建办公楼工程前，按照《建筑施工组织设计规范》（GB/T 50502—2009）规定的单位工程施工组织设计应包含的各项基本内容编制了本工程的施工组织设计，经相应人员审批后报监理机构，在总监理工程师审批签字后按此施工组织施工。[案例节选]

　　问题：

　　施工单位哪些人员具备审批单位工程施工组织设计的资格？

15.【重点】背景资料：

　　工程开工前，施工单位的项目技术负责人主持编制了施工组织设计，经项目负责人审核、施工单位技术负责人审批后，报项目监理机构审查。监理工程师认为该施工组织设计的编制、审核（批）手续不妥，要求改正，同时要求补充建筑节能工程施工的内容。施工单位认为，在建筑节能工程施工前还要编制、报审建筑节能施工技术专项方案，施工组织设计中没有建筑节能工程施工内容并无不妥，不必补充。[案例节选]

　　问题：

　　（1）分别指出施工组织设计编制、审批程序的不妥之处，并写出正确做法。

　　（2）施工单位关于建筑节能工程施工的说法是否正确？请说明理由。

16.【重点】背景资料：

　　某高校新建宿舍楼工程，地下1层，地上5层，钢筋混凝土框架结构，采用悬臂式钻孔灌注桩排桩作为基坑支护结构。施工总承包单位按规定在土方开挖过程中实施桩顶位移监测并设定了监测预警值。

　　施工过程中，发生了下列事件：

　　事件三：在主体结构施工前，与主体结构施工密切相关的某国家标准发生重大修改并开始实施，现场监理机构要求修改施工组织设计，重新审批后才能组织实施。[案例节选]

　　问题：

　　除事件三中国家标准发生重大修改的情况外，还有哪些情况发生后也需要修改施工组织设计并重新审批？

考点 2 主要专项施工方案编制与管理

17. 【重点】以下属于超过一定规模的危险性较大的分部分项工程的是（　　）。[单选]
    A. 开挖深度超过 4m 的土方开挖工程
    B. 搭设高度为 15m 的模板支撑工程
    C. 搭设高度为 38m 的落地式钢管脚手架工程
    D. 搭设跨度为 15m 的模板支撑工程

18. 【基础】超过一定规模的危险性较大的分部分项工程专项方案应由（　　）组织专家论证。
    [单选]
    A. 监理单位　　　　　　　　　　　　B. 建设单位
    C. 勘察单位　　　　　　　　　　　　D. 施工单位

第五节　施工平面布置管理

考点 1 施工平面布置图设计

19. 【基础】关于现场临时房屋布置，下列说法正确的有（　　）。[多选]
    A. 临时用房不能用已建的永久性房屋
    B. 宿舍内应保证有必要的生活空间，床铺不得超过 2 层
    C. 作业人员用的生活福利设施宜设在人员相对较集中的地方
    D. 办公用房宜设在工地入口处
    E. 每间宿舍人均面积不应小于 1.5m²

20. 【基础】存放危险品的仓库应远离现场单独设置，离在建工程距离不小于（　　）。[单选]
    A. 8m　　　　　　　　　　　　　　B. 10m
    C. 15m　　　　　　　　　　　　　　D. 20m

考点 2 施工平面管理

21. 【基础】以下属于现场出入口明显处"五牌一图"内容的有（　　）。[多选]
    A. 安全生产牌
    B. 工程概况牌
    C. 物料管理牌
    D. 消防保卫牌
    E. 首层平面图

22. 【重点】关于现场文明施工管理要点，下列说法错误的有（　　）。[多选]
    A. 市区主要路段的围挡高度不得低于 2.5m
    B. 现场出入口明显处应设置"五牌一图"
    C. 一般路段围挡高度不应低于 2.0m
    D. 距离交通路口 20m 范围内占据道路施工设置的围挡，其 1.0m 以上部分应采用通透性
       围挡
    E. 现场出入口应设大门和保安值班室

23. 【难点】关于安全警示牌，下列说法正确的有（　　）。[多选]
    A. 安全标志分为禁止标志、警告标志、指令标志和提示标志四大类型
    B. 施工现场安全警示牌的设置应遵循"标准、安全、醒目、便利、协调、合理"的原则
    C. 安全警示牌不得设置在门、窗、架体等可移动的物体上

D. 多个安全警示牌在一起布置时，应按禁止、警告、指令和提示类型的顺序排列

E. 各标志牌之间的距离不应大于标志牌尺寸的 0.2 倍

24.【重点】背景资料：

某新建综合楼工程，现浇钢筋混凝土框架结构，地下 1 层，地上 10 层，建筑檐口高度为 45m。某建筑工程公司中标后成立项目部进场组织施工。公司在例行安全检查中发现施工区域主出入通道处多种类型的安全警示牌布置混乱，要求项目部按规定要求从左到右正确排列。[案例节选]

问题：

安全警示牌通常都有哪些类型？各种类型的安全警示牌按一排布置时，从左到右的正确排列顺序是什么？

► **考点 3** 施工用水用电管理

25.【重点】关于施工现场临时用电管理，下列说法正确的是（　　）。[单选]

A. 施工现场临时用电设备在 5 台及以上时，应编制安全用电和电气防火措施

B. 用电组织设计应由项目土建员组织编制

C. 电工等级应与工程的难易程度和技术复杂性相适应

D. 用电工程使用前必须经编制、审核、批准部门共同验收，合格后方可投入使用

26.【重点】下列施工场所中，施工照明电源电压不得大于 12V 的是（　　）。[单选]

A. 隧道 　　　　　　　　　　　　　B. 人防工程

C. 锅炉内 　　　　　　　　　　　　D. 高温场所

► **考点 4** 施工现场临时用水管理

27.【基础】自行设计消防设施时，消防干管直径应不小于（　　）。[单选]

A. 75mm 　　　　　　　　　　　　 B. 100mm

C. 150mm 　　　　　　　　　　　　 D. 175mm

28.【基础】现场临时用水包括（　　）。[多选]

A. 生产用水 　　　　　　　　　　　B. 生活用水

C. 施工用水 　　　　　　　　　　　D. 机械用水

E. 消防用水

29.【重点】下列关于施工现场临时用水管理的说法，正确的有（　　）。[多选]

A. 消防用水一般利用城市或建设单位的永久消防设施

B. 消火栓间距不应大于 120m

C. 严禁消防竖管作为施工用水管线

D. 消防供水要保证足够的水源和水压

E. 自行设计的临时室外消防给水干管的直径不应小于 DN150

[选择题] 参考答案

1. B	2. B	3. ABDE	4. BCDE	5. C	6. B
7. C	8. B	9. D	10. B	11. ABCD	12. ABE
13. —	14. —	15. —	16. —	17. B	18. D
19. BCD	20. C	21. ABD	22. CD	23. ABC	24. —
25. C	26. C	27. B	28. ABDE	29. ABCD	

- 微信扫码查看本章解析
- 领取更多学习备考资料

考试大纲 考前抢分
答案解析 思维导图

[案例节选] 参考答案

13. 单位工程施工组织设计的基本内容应包含编制依据、工程概况、施工部署、施工进度计划、施工准备与资源配置计划、主要施工方法、施工现场平面布置、主要施工管理计划等。

14. 施工单位技术负责人或技术负责人授权的技术人员具备审批的资格。

15. （1）不妥之处一：施工单位的项目技术负责人主持编制了施工组织设计。

正确做法：单位工程施工组织设计由项目负责人主持编制。

不妥之处二：项目负责人审核、施工单位技术负责人审批。

正确做法：施工单位主管部门审核，施工单位技术负责人或其授权的技术人员审批。

不妥之处三：报项目监理机构审查。

正确做法：报项目监理机构审查，由总监理工程师签字审核后报送建设单位。

（2）不正确。

理由：采取技术和管理措施，推广建筑节能和绿色施工，单位施工组织设计中应包含相应内容。

16. 施工组织设计还需要修改并重新审批的情况包括：①主要施工方法有重大调整；②主要施工资源配置有重大调整；③工程设计有重大修改；④施工环境有重大改变。

24. （1）安全警示牌有禁止标志、警告标志、指令标志和提示标志4种类型。

（2）多个安全警示牌在一排布置时，应按警告、禁止、指令、提示类型的顺序，先左后右进行排列。

📝学习总结

....

....

....

....

第七章　施工招标投标与合同管理

第一节　施工招标投标

▶ **考点1** 施工招标投标管理要求

1. 【重点】下列关于依法必须进行招标项目的招标投标程序及时间规定，说法错误的是（　　）。[单选]

   A. 提交资格预审申请文件的时间，自资格预审文件停止发售之日起不得少于5日

   B. 自招标文件开始发出之日起至投标人提交投标文件截止之日止，最短不得少于15日

   C. 投标有效期从提交投标文件的截止之日起算

   D. 资格预审文件或者招标文件的发售期不得少于5日

2. 【重点】下列情形中，视为投标人相互串通投标的有（　　）。[多选]

   A. 不同投标人的投标文件由同一单位或者个人编制

   B. 不同投标人委托同一单位或者个人办理投标事宜

   C. 不同投标人的投标文件载明的项目管理成员为同一人

   D. 不同投标人的投标文件异常一致或者投标报价呈规律性差异

   E. 投标人之间协商投标报价等投标文件的实质性内容

3. 【重点】关于招标投标主要管理要求，下列说法错误的有（　　）。[多选]

   A. 与招标人存在利害关系可能影响招标公正性的法人、其他组织或者个人，不得参加投标

   B. 投标人之间约定部分投标人放弃投标或者中标，视为投标人相互串通投标

   C. 投标人少于3个的，招标人应当依法重新招标

   D. 评标委员会由3人以上单数组成

   E. 招标人不得组织单个或者部分潜在投标人踏勘项目现场

4. 【难点】背景资料：

   某国家重点项目工程，招标人自行决定采取邀请招标的方式进行招标，并于2022年6月25日向通过资格预审的A、B、C、D、E、F、G、H八家施工承包企业发出了投标邀请书，A、B、C、D、E五家企业均接受邀请并购买了招标文件。招标文件规定，2022年7月18日上午9时为投标截止时间，且投标单位在递交投标文件之日必须递交投标保证金。

   在投标截止时间之前，A、C、D、E四家企业提交了投标文件，B企业由于路途遇到交通管制，其投标文件于2022年7月18日上午9时35分送达。2022年7月19日上午，当地招投标监督管理办公室主任主持进行了公开开标。

   评标委员会由6人组成，其中当地招投标监督管理办公室1人，公证机构1人，招标人代表1人，技术、经济专家3人。评标过程中，评标委员会发现A企业投标文件无法定代表人签字和单位公章，其他施工单位的投标文件均符合招标文件要求。后经评标委员会评标确定，D企业中标。2022年7月23日，招标人向D企业发出了中标通知书。2022年8月25日，双方签订了书面合同。[案例节选]

   问题：

   （1）在该工程开标之前所进行的招标工作有哪些不妥之处？请说明理由。

   （2）A企业和B企业的投标文件是否有效？请分别说明理由。

   （3）请指出开标工作的不妥之处，并说明理由。

考点2　工程造价的费用项目组成

5.【基础】以下应计入建筑安装工程费中人工费的有（　　）。[多选]
   A. 计时工资或计件工资　　　　　　　　B. 管理人员工资
   C. 加班加点工资　　　　　　　　　　　D. 特殊情况下支付的工资
   E. 检验试验费

6.【基础】以下属于建筑安装工程施工机具使用费的有（　　）。[多选]
   A. 施工机械大修理费
   B. 施工机械经常修理费
   C. 大型机械设备进出场及安拆费
   D. 机上司机和其他操纵人员的工作日人工费
   E. 机上操作人员的培训费

7.【基础】以下应计入措施项目费的有（　　）。[多选]
   A. 二次搬运　　　　　　　　　　　　　B. 脚手架费
   C. 夜间施工增加费　　　　　　　　　　D. 施工机械大修理费
   E. 大型机械设备进出场及安拆费

8.【重点】按照造价形成划分的建筑安装工程费用中，暂列金额主要用于（　　）。[多选]
   A. 施工中可能发生的工程变更的费用
   B. 总承包人为配合发包人进行专业工程发包产生的服务费用
   C. 施工合同签订时尚未确定的工程设备采购的费用
   D. 工程施工中合同约定调整因素出现时，工程价款调整的费用
   E. 在高海拔特殊地区施工增加的费用

9.【重点】背景资料：

　　某开发商拟建一城市综合体项目，预计总投资15亿元。发包方式采用施工总承包，施工单位承担部分垫资，按月度实际完成工作量的75%支付工程款，工程质量为合格，保修金为3%，合同总工期为32个月。

　　中标后，双方依据《建设工程工程量清单计价规范》（GB 50500—2013），对工程量清单编制方法等强制性规定进行了确认，对工程造价进行了全面审核。最终确定有关费用如下：分部分项工程费为82 000.00万元，措施项目费为20 500.00万元，其他项目费为12 800.00万元，暂列金额为8 200.00万元，规费为2 470.00万元，税金为3 750.00万元。双方依据《建设工程施工合同（示范文本）》（GF—2017—0201）签订了工程施工总承包合同。[案例节选]

　　问题：

　　计算本工程签约合同价。（单位：万元，保留2位小数）

考点3　工程量清单计价

10.【基础】在我国，工程量清单计价具有的特点有（　　）。[多选]
   A. 先进性　　　　　　　　　　　　　　B. 统一性
   C. 强制性　　　　　　　　　　　　　　D. 完整性
   E. 竞争性

11.【重点】背景资料：

　　某大型综合商场工程，建筑面积为49 500m²，地下1层，地上3层，现浇钢筋混凝土框架结构，采用工程量清单计价模式，报价执行《建设工程工程量清单计价规范》（GB 50500—2013）要求。该工程面向国内公开招标，有6家施工单位通过了资格预审，并进行了投标。从工程招标

至竣工决算的过程中，发生了下列事件：

E单位的投标报价构成如下：分部分项工程费为16 100.00万元，措施项目费为1 800.00万元，安全文明施工费为322.00万元，其他项目费为1 200.00万元，暂列金额为1 000.00万元，管理费费率为10%，利润率为5%，规费费率为1%，增值税税率为9%。[案例节选]

问题：

列式计算E单位的中标造价。（单位：万元，保留2位小数）

考点4 合同价款确定与调整

12.【难点】下列关于变更引起的价格调整，说法正确的有（   ）。[多选]

A. 已标价工程量清单或预算书中无相同项目，但有类似项目的，参照类似项目的单价认定

B. 已标价工程量清单或预算书有相同项目的，按照相同项目单价认定

C. 任何合同一方当事人对总监理工程师的确定有异议时，按照合同约定的争议解决条款执行

D. 因变更引起的价格调整应在工程结算时一并支付

E. 变更幅度不得超过原工程量的15%

13.【难点】背景资料：

某公司中标某工程，根据《建设工程施工合同（示范文本）》（GF—2017—0201）与建设单位签订总承包施工合同。总承包施工合同是以工程量清单为基础的固定单价合同，合同约定当A分项工程、B分项工程实际工程量与清单工程量差异幅度在±5%以内时，按清单价结算；超出幅度大于5%时，按清单价的90%结算；减少幅度大于5%时，按清单价的1.1倍结算。清单价及工程量见表3-1。[案例节选]

表3-1　清单价及工程量

分项工程	A	B
每立方米清单价/元	42	560
清单工程量/m³	5 400	6 200
实际工程量/m³	5 800	5 870

问题：

(1) A分项工程、B分项工程单价是否存在调整？

(2) 分别列式计算A分项工程、B分项工程结算的工程价款。（单位：元）

考点5 预付款与进度款的计算

14.【重点】背景资料：

某新建住宅楼工程，建筑面积为25 000m²，装配式钢筋混凝土结构。建设单位编制了招标工程量清单等招标文件，其中，部分条款内容为：本工程实行施工总承包模式，承包范围为土建、电气等全部工程内容，质量标准为合格。开工前，业主向承包商支付合同工程造价的25%作为预付备料款，保修金为总价的3%。

经公开招投标，某施工总承包单位以12 500万元中标。其中：工地总成本为9 200万元，公司管理费按10%计，利润按5%计，暂列金额为1 000万元。主要材料及构配件金额占合同额的70%。双方签订了工程施工总承包合同。[案例节选]

问题：

计算该工程预付备料款和起扣点。（单位：万元，保留2位小数）

15. 【重点】背景资料：

　　某建设单位投资兴建一座大型商场，地下2层，地上9层，钢筋混凝土框架结构，建筑面积为71 500m²。经过招标，某施工单位中标，中标造价为25 025.00万元。双方按照《建设工程施工合同（示范文本）》（GF—2017—0201）签订了施工总承包合同。合同中约定工程预付款比例为10%，并从未施工完工程尚需的主要材料款相当于工程预付款时起扣，主要材料所占比例按60%计。

　　在合同履行过程中，发生了下列事件：

　　事件二：中标造价费用组成为：人工费为3 000万元，材料费为17 505万元，机械费为995万元，管理费为450万元，措施费用为760万元，利润为940万元，规费为525万元，税金为850万元。施工总承包单位据此进行了项目施工总承包核算等工作。

　　事件三：在基坑施工过程中，发现古化石，造成停工2个月。施工总承包单位提出了索赔报告，索赔工期为2个月，索赔费用为24.55万元。索赔费用经监理机构核实，人工窝工费为18万元，机械租赁费为3万元，管理费为2万元，保函手续费为0.1万元，资金利息为0.3万元，利润为0.69万元，专业分包停工损失费为9万元，规费为0.47万元，税金为0.99万元。经审查，建设单位同意延长工期2个月；除同意支付人员窝工费、机械租赁费外，不同意支付其他索赔费用。[案例节选]

　　问题：

　　分别列式计算本工程项目预付款和预付款的起扣点。（单位：万元，保留2位小数）

▶ 考点6　施工投标报价策略

16. 【基础】某企业急于打入某一地区，施工机械设备无工地转移时，投标报价时适宜选择（　　）。[单选]

A. 高盈利策略
B. 低报价策略
C. 不平衡报价法
D. 多方案报价

17. 【基础】单纯的报计日工单价，且不计入总报价，投标报价时，计日工单价应（　　）。[单选]

A. 适当报高些
B. 适当报低些
C. 根据实际情况报价
D. 分析具体情况确定报价

第二节　施工合同管理

▶ 考点1　施工合同文件与解释顺序

18. 【重点】下列施工合同文件的排序中，符合优先解释顺序的是（　　）。[单选]

A. 施工合同专用条款、中标通知书、投标函及其附录
B. 中标通知书、投标函及其附录、施工合同专用条款
C. 施工合同通用条款、中标通知书、投标函及其附录
D. 投标函及其附录、中标通知书、施工合同通用条款

19. 【重点】中标通知书、施工合同协议书和施工合同专用条款是施工合同文件的组成部分，就这三个部分而言，如果在施工合同文件中出现不一致时，其优先解释顺序为（　　）。[单选]

A. 中标通知书、施工合同协议书、施工合同专用条款

B. 施工合同协议书、中标通知书、施工合同专用条款

C. 施工合同协议书、施工合同专用条款、中标通知书

D. 中标通知书、施工合同专用条款、施工合同协议书

考点 2 施工合同的变更与索赔

20.【重点】承包人在施工中遇到暴雨袭击导致工程停工，同时发生各项费用损失，按照不可抗力索赔处理原则，下列费用中，发包人不予赔偿的是（　　）。[单选]

A. 被冲坏的已施工的基础工程

B. 停工期间设备闲置

C. 清理现场，恢复施工

D. 被冲坏的现场临时道路恢复

21.【难点】背景资料：

某办公楼工程，地下 2 层，地上 10 层，总建筑面积为 27 000m²，现浇钢筋混凝土框架结构，建设单位与施工总承包单位签订了施工总承包合同，双方约定工期为 20 个月，建设单位供应部分主要材料。

在合同履行过程中，发生了下列事件：

事件二：工作 B（特种混凝土工程）进行 1 个月后，因建设单位原因修改设计，导致停工 2 个月，设计变更后，施工总承包单位及时向监理工程师提交了费用索赔申请表（表 3-2），索赔内容和数量经监理工程师审查符合实际情况。[案例节选]

表 3-2　费用索赔申请表

序号	内容	数量	计算式	备注
1	新增特种混凝土工程费	500 立方米	500×1 050＝525 000（元）	新增特种混凝土综合单价 1 050 元/立方米
2	机械设备闲置费补偿	60 台班	60×210＝12 600（元）	台班费 210 元/台班
3	人工窝工费补偿	1 600 工日	1 600×85＝136 000（元）	人工工日单价 85 元/工日

问题：

事件二中，费用索赔申请表中有哪些不妥之处？请分别说明理由。

22.【重点】背景资料：

某建筑公司（乙方）于某年 4 月 20 日与某厂（甲方）签订了修建建筑面积为 3 000m² 的工业厂房（带地下室）的施工合同，乙方编制的施工方案和进度计划已获监理工程师批准。该工程的基坑开挖土方量为 4 500m³，假设直接费单价为 4.2 元/立方米，综合费率为直接费的 20%。该工程的基坑施工方案规定：土方工程采用租赁一台斗容量为 1m³ 的反铲挖土机施工（租赁费 450 元/台班）。甲、乙双方合同约定于 5 月 11 日开工，于 5 月 20 日完工。在实际施工中发生如下几项事件：

（1）因租赁的挖土机大修，晚开工 2 天，造成人员窝工 10 个工日。

（2）基坑开挖后，因遇软土层，接到监理工程师 5 月 15 日停工的指令，进行地质复查，配合用工 15 个工日。

（3）5 月 19 日，接到监理工程师于 5 月 20 日复工令，同时甲方提出基坑开挖深度加深 2m 的设计变更通知单，由此增加土方开挖量 900m³。

（4）5 月 20 日至 5 月 22 日，因下罕见的大雨迫使基坑开挖暂停，造成人员窝工 10 个工日。

（5）5 月 23 日用 30 个工日修复冲坏的永久道路，5 月 24 日恢复挖掘工作，最终基坑于

5月30日挖坑完毕。[案例节选]

问题：

（1）建筑公司对上述哪些事件可以向厂方要求索赔，哪些事件不可以要求索赔，请说明原因。

（2）每项事件工期索赔各是多少天？总计工期索赔是多少天？

（3）假设人工费单价为23元/工日，因增加用工所需的管理费为增加人工费的30％，则合理的费用索赔总额是多少？

23.【难点】背景资料：

某开发商投资新建一住宅小区工程，包括住宅楼5栋，会所1栋，以及小区市政管网和道路设施，总建筑面积为24 000m²。经公开招投标，某施工总承包单位中标，双方依据《建设工程施工合同（示范文本）》（GF—2017—0201）签订了施工总承包合同。

施工总承包合同中约定的部分条款如下：

（1）合同造价为3 600万元，除设计变更、钢筋与水泥价格变动及承包合同范围外的工作内容据实调整外，其他费用均不调整。

（2）合同工期为306天，自2022年3月1日起至2022年12月31日止。工期奖罚标准为2万元/天。

在合同履行过程中，发生了下列事件：

事件一：因钢筋价格上涨较大，建设单位与施工总承包单位签订了《关于钢筋价格调整的补充协议》，协议价款为60万元。

事件二：施工总承包单位进场后，建设单位将水电安装及住宅楼塑钢窗指定分包给A专业公司，并指定采用某品牌塑钢窗。A专业公司为保证工期，又将塑钢窗分包给B公司施工。

事件三：2022年3月22日，施工总承包单位在基础底板施工期间，因连续降雨发生了排水费用6万元。2022年4月5日，某批次国产钢筋常规检测合格，建设单位以保证工程质量为由，要求施工总承包单位还需对该批次钢筋进行化学成分分析，施工总承包单位委托具备资质的检测单位进行了检测，化学成分检测费用为8万元，检测结果合格。针对上述问题，施工总承包单位按索赔程序和时限要求，分别提出6万元排水费用、8万元检测费用的索赔。

事件四：工程竣工验收后，施工总承包单位于2022年12月28日向建设单位提交了竣工验收报告，建设单位于2023年1月5日确认验收通过，并开始办理工程结算。[案例节选]

问题：

（1）请分别指出事件三中施工总承包单位的两项索赔是否成立，并说明理由。

（2）请指出本工程的竣工验收日期是哪一天，工程结算总价是多少万元。

[选择题] 参考答案

1. B	2. ABCD	3. BD	4. —	5. ACD	6. ABCD
7. ABCE	8. ACD	9. —	10. BCDE	11. —	12. ABC
13. —	14. —	15. —	16. B	17. A	18. B
19. B	20. B	21. —	22. —	23. —	

- 微信扫码查看本章解析
- 领取更多学习备考资料

考试大纲　考前抢分
答案解析　思维导图

[案例节选] 参考答案

4. （1）不妥之处一：招标人自行决定对国家重点项目采用邀请招标的方式。

理由：按照《中华人民共和国招标投标法》的规定，对于国务院发展计划部门确定的国家重点项目和省、自治区、直辖市人民政府确定的地方重点项目不适宜公开招标的，要经过国务院发展计划部门或省、自治区、直辖市人民政府的批准，方可采取邀请招标方式。

不妥之处二：招标单位要求投标单位在递交投标文件之日必须递交投标保证金。

理由：按照《中华人民共和国招标投标法》的规定，投标保证金应在投标截止前递交。

（2）A企业和B企业的投标文件均无效。

理由：A企业投标文件无法定代表人的签字和单位公章，属于存在重大偏差，应作废标处理。B企业的投标文件送达时间迟于投标截止时间，因此该投标文件应被拒收。

（3）不妥之处一：投标截止日期后第2天开标。

理由：按照《中华人民共和国招标投标法》的规定，开标应在投标文件确定的提交投标文件截止时间的同一时间公开进行。

不妥之处二：由当地招投标监督管理办公室主任主持开标。

理由：按照《中华人民共和国招标投标法》的规定，开标应由招标人主持。

不妥之处三：评标委员会由6人组成，技术、经济专家3人。

理由：按照《中华人民共和国招标投标法》的规定，评标委员会成员人数为5人以上单数。评标委员会技术、经济等方面的专家不得少于成员总数的2/3，本案例中技术、经济专家比例仅为1/2，低于规定比例要求。

9. 本工程签约合同价＝分部分项工程费＋措施项目费＋其他项目费＋规费＋税金＝82 000.00＋20 500.00＋12 800.00＋2 470.00＋3 750.00＝121 520.00（万元）。

11. 采用工程量清单计价形式构成的工程造价＝（分部分项工程费＋措施项目费＋其他项目费）×（1＋规费费率）×（1＋增值税税率）。E单位的中标造价＝（16 100.00＋1 800.00＋1 200.00）×（1＋1％）×（1＋9％）＝21 027.19（万元）。

13. （1）A分项工程：[（5 800－5 400）/5 400]×100％≈7.4％＞5％，因此A分项工程需调整。

B分项工程：（｜5 870－6 200｜/6 200）×100％≈5.3％＞5％，因此B分项工程也需

调整。

（2）A分项工程结算的工程价款：

$5\,400\times(1+5\%)\times42+[5\,800-5\,400\times(1+5\%)]\times(42\times0.9)=243\,054$（元）。

B分项工程结算的工程价款：

$5\,870\times(560\times1.1)=3\,615\,920$（元）。

14.（1）工程预付备料款＝（合同总造价－暂列金额）×预付款比例＝（12\,500－1\,000）×25％＝2\,875.00（万元）。

（2）起扣点＝（合同总造价－暂列金额）－预付备料款/主要材料所占比重＝（12\,500－1\,000）－（2\,875.00/70％）≈7\,392.86（万元）。

15.（1）项目预付款＝25\,025.00×10％＝2\,502.50（万元）。

（2）预付款的起扣点＝承包工程价款总额－项目预付款/主要材料所占比例＝25\,025.00－2\,502.50/60％≈20\,854.17（万元）。

21. 不妥之处一：机械设备闲置费补偿索赔计算。

理由：不能按台班费计算，应该按折旧费计算。

不妥之处二：人工窝工费补偿索赔计算。

理由：不能按人工工日单价计算，应该按窝工补贴单价计算。

22. 建筑公司对背景资料中的事件索赔情况见下表。

事件	原因	判断	工期	费用
（1）	挖土机大修	不成立	0	0
（2）	遇软土层停工	成立	5天	人工费＋管理费： $15\times23\times(1+30\%)=448.5$（元） 机械租赁费： $450\times5=2\,250$（元）
（3）	设计变更	成立	2天	$900\times4.2\times(1+20\%)=4\,536$（元）
（4）	罕见大雨停工	成立	3天	0
（5）	修复冲坏道路	成立	1天	人工费＋管理费： $30\times23\times(1+30\%)=897$（元） 机械租赁费： $450\times1=450$（元）
合计			11天	$448.5+2\,250+4\,536+897+450=8\,581.5$（元）

23.（1）施工总承包单位提出6万元排水费用索赔不成立。

理由：连续降雨属于一个有经验的承包商可以预见的事情，该降雨造成的费用损失应包含在合同价款中。

施工总承包单位提出8万元钢筋检测费用索赔成立。

理由：根据规定，建设单位对已经过检验的材料质量有怀疑时，可进行重新检验，若重新检验合格的，由建设单位承担由此增加的费用。

（2）本工程竣工验收日期是2022年12月28日。

工程结算总价＝合同造价＋补充协议价款＋检测费用索赔＋提前完工奖励＝3\,600＋60＋8＋（2×3）＝3\,674（万元）。

第八章　施工进度管理

 考点1 施工进度计划的编制

1. 【基础】施工进度计划按编制对象的不同可分为（　　）。[多选]
   A. 施工总进度计划
   B. 单位工程进度计划
   C. 分部分项工程进度计划
   D. 检验批进度计划
   E. 分阶段（或专项工程）工程进度计划

2. 【重点】单位工程进度计划的内容包括（　　）。[多选]
   A. 工程施工情况
   B. 施工部署
   C. 工程建设概况
   D. 主要施工方案及流水段划分
   E. 主管部门的批示文件及建设单位的要求

考点2 流水施工方法在建筑工程中的应用

3. 【基础】某基础工程开挖与浇筑混凝土共两个施工过程在4个施工段组织流水施工，流水节拍值分别为4d、3d、2d、5d与3d、2d、4d、3d，则流水步距与流水施工工期分别为（　　）。[单选]
   A. 5d和17d
   B. 5d和19d
   C. 4d和16d
   D. 4d和26d

4. 【基础】流水施工的特点有（　　）。[多选]
   A. 资源投入量波动大
   B. 减少窝工和建造成本
   C. 提高工作质量和效率
   D. 有利于缩短工期
   E. 有利于资源组织与供给

5. 【重点】关于流水施工参数，下列说法错误的有（　　）。[多选]
   A. 工艺参数通常包括施工过程和流水强度
   B. 时间参数主要包括流水节拍、流水步距和流水施工工期等
   C. 空间参数可以是施工区（段），也可以是多层的施工层数
   D. 时间参数指在组织流水施工时，用以表达流水施工在施工工艺方面进展状态的参数
   E. 空间参数指在组织流水施工时，用以表达流水施工在时间安排上所处状态的参数

6. 【重点】在工程网络计划中，工作F的最早开始时间为第15d，其持续时间为5d。该工作有三项紧后工作，它们的最早开始时间分别为第24d、第26d和第30d，最迟开始时间分别为第30d、第30d和第32d，则工作F的总时差和自由时差分别为（　　）。[单选]
   A. 10d，4d
   B. 10d，10d
   C. 12d，4d
   D. 12d，10d

7. 【重点】背景资料：
   某施工过程要做5根柱子，每根柱子包括扎钢筋、做模板、浇混凝土3个施工过程，每个施工过程的流水施工参数见表3-3。[案例节选]

表 3-3　每个施工过程的流水施工参数

施工过程	流水节拍/d				
	施工段一	施工段二	施工段三	施工段四	施工段五
扎钢筋	2	2	2	2	2
做模板	2	2	2	2	2
浇混凝土	2	2	2	2	2

问题：

请计算该工程的总工期。

8.【重点】背景资料：

某拟建工程由甲、乙、丙 3 个施工过程组成。该工程共划分成 4 个施工流水段，每个施工过程在各个施工流水段上的流水节拍见表 3-4。按相关规范规定，施工过程乙完成后其相应施工段至少要养护 2d，才能进入下道工序。为了尽早完工，经过技术攻关，实现施工过程乙在施工过程甲完成之前 1d 提前插入施工。[案例节选]

表 3-4　各个施工流水段上的流水节拍

施工过程（工序）	流水节拍/d			
	施工段一	施工段二	施工段三	施工段四
甲	2	4	3	2
乙	3	2	3	3
丙	4	2	1	3

问题：

（1）计算各施工过程间的流水步距和总工期。

（2）编制该工程流水施工横道计划图。

▶ 考点 3　双代号网络图时间参数计算

9.【重点】某建设项目，经总监理工程师批准的双代号网络施工进度计划图如图 3-1 所示（单位：月），则下列说法正确的是（　　）。[单选]

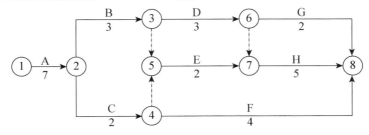

图 3-1　双代号网络施工进度计划图

A. 关键线路用工作表示，为 A→B→D→H

B. 图示施工进度计划的总工期为 19 个月

C. 工作 D 的最早开始时间为第 9 个月末

D. 工作 G 的总时差为 2 个月

10. 【重点】某工程双代号网络计划图如图 3-2 所示，工作 G 的自由时差和总时差分别是（   ）。[单选]

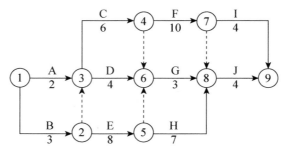

图 3-2　某工程双代号网络计划图

A. 0 和 4　　　　　　　B. 4 和 4　　　　　　　C. 5 和 5　　　　　　　D. 5 和 6

考点4　双代号网络图的应用

11. 【基础】背景资料：

某群体工程，主楼地下 2 层，地上 8 层，总建筑面积为 26 800 m²，现浇钢筋混凝土框架结构，建设单位分别与施工单位、监理单位签订了施工合同和监理合同。

某单位工程的施工进度计划网络图如图 3-3 所示，因工艺设计采用某专利技术，工作 F 需要工作 B 和工作 C 完成以后才能开始施工，监理工程师要求施工单位对该进度计划网络图进行调整。（单位：月）

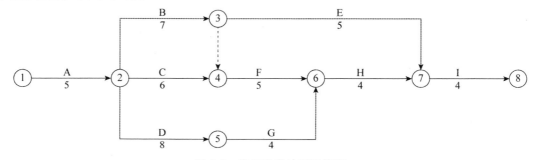

图 3-3　施工进度计划网络图

施工过程中发生索赔事件如下：

事件一：项目功能调整变更设计，导致工作 C 中途出现停顿，持续时间比原计划超出 2 个月，造成施工人员窝工损失 27.2 万元（13.6 万元/月×2 月）。

事件二：当地发生百年一遇大暴雨引发泥石流，导致工作 E 停工，清理恢复施工共用时 3 个月，造成施工设备损失费用 8.2 万元、清理和修复工程费用 24.5 万元。

针对上述事件，施工单位在有效时限内分别向建设单位提出 2 个月、3 个月的工期索赔，27.2 万元、32.7 万元的费用索赔（所有事项均与实际相符）。[案例节选]

问题：

（1）绘制调整后的施工进度计划网络图（双代号），指出其关键线路（用工作表示），并计算其总工期。

（2）分别指出施工单位提出的两项工期索赔和两项费用索赔是否成立，并说明理由。

12. 【重点】背景资料：

某新建住宅工程，地下 1 层，地上 20 层，建筑面积为 240 000 m²，钢筋混凝土框架—剪力墙结构。

事件一：总承包单位编制了施工进度计划网络图，如图 3-4 所示。（单位：d）[**案例节选**]

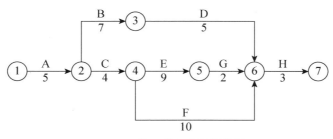

图 3-4　施工进度计划网络图

问题：

写出事件一中施工进度计划的关键线路（以工作表示），并计算总工期。

13. 【**重点**】背景资料：

某房屋建筑工程，建筑面积为 6 800m^2，钢筋混凝土框架结构，外墙外保温节能体系，根据《建设工程施工合同（示范文本）》（GF—2017—0201）和《建设工程监理合同（示范文本）》（GF—2000—0202），建设单位分别与中标的施工单位和监理单位签订了施工合同和监理合同。

在合同履行过程中，发生了下列事件：

事件一：工程开工前，施工单位的项目技术负责人主持编制了施工组织设计，经项目负责人审核、施工单位技术负责人审批后，报项目监理机构审查。监理工程师认为该施工组织设计的编制、审核（批）手续不妥，要求改正；同时，要求补充建筑节能工程施工的内容。施工单位认为，在建筑节能工程施工前还需要编制、报审建筑节能施工技术专项方案，施工组织设计中没有建筑节能工程施工内容并无不妥，不必补充。

事件三：施工单位提交了室内装饰装修工期进度计划网络图，如图 3-5 所示，经监理工程师确认后按该图组织施工。

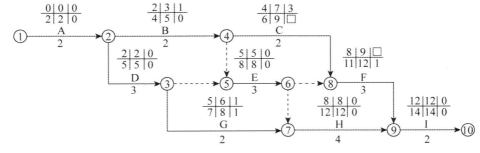

图 3-5　该工程双代号网络计划图

事件四：在室内装饰装修工程施工过程中，设计变更导致工作 C 的持续时间为 36d，施工单位以设计变更影响施工进度为由，提出 22d 的工期索赔。[**案例节选**]

问题：

（1）事件一中，施工单位关于建筑节能工程的说法是否正确？请说明理由。

（2）针对事件三的进度计划网络图，列式计算工作 C 和工作 F 时间参数并确定该网络图的计算工期（单位：周）和关键线路（用工作表示）。

（3）事件四中，施工单位提出的工期索赔是否成立？请说明理由。

考点5 施工进度计划调整

14.【基础】在网络计划的工期优化过程中,缩短持续时间的工作应是(   )。[单选]
A. 直接费用率最小的关键工作
B. 直接费用率最大的关键工作
C. 直接费用率最小的非关键工作
D. 直接费用率最大的非关键工作

15.【基础】背景资料:

某工程项目,承包商根据施工承包合同规定,在开工前编制了该项目的施工进度计划,如图3-6所示(单位:月)。经项目业主确认后承包商按计划实施。

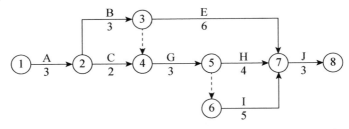

图3-6　施工进度计划图

在施工过程中,发生了下列事件:

事件一:施工到第2个月时,业主要求增加一项工作D,工作D持续时间为4个月。工作D安排在工作A完成之后,工作I开始之前。

事件二:由于设计变更,工作G停工待图2个月。

事件三:由于不可抗力的暴雨,工作D拖延1个月。

上述事件发生后,为保证不延长总工期,承包商须通过压缩工作G的后续工作的持续时间来调整施工进度计划。根据分析,后续工作的费率:工作H为2万元/月,工作I为2.5万元/月,工作J为3万元/月。[案例节选]

问题:

(1)该建设项目初始施工进度计划的关键工作有哪些?计划工期是多少?

(2)在该建设项目初始施工进度计划中,工作C和工作E的总时差分别是多少?

(3)绘制增加工作D后的施工进度计划并计算此时的总工期。

(4)工作G、D拖延对总工期的影响分别是多少?请说明理由。

(5)根据上述情况,提出承包商施工进度计划调整的最优方案,并说明理由。

16.【难点】背景资料:

某洁净厂房工程,总监理工程师指示项目负责人编制施工进度计划。项目负责人编制了相应施工进度安排,如图3-7所示(单位:周),报总监理工程师审核。

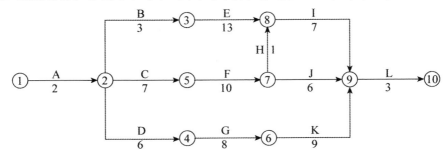

图3-7　施工进度计划网络图

因为本工程采用了某项专利技术,其中,工序B、工序F、工序K必须使用某特种设备，且需按"B→F→K"先后顺序施工。该设备在当地仅有一台，租赁价格昂贵，租赁时长计算为从进场开始直至设备退场止，且场内停置等待的时间均按正常作业时间计取租赁费用。

项目技术负责人根据上述特殊情况，对网络图进行了调整，并重新计算项目总工期，报项目经理审批。

项目经理二次审查发现：各工序均按最早开始时间考虑，导致特种设备存在场内停置等待时间。项目经理指示调整各工序的起止时间，优化施工进度安排以节约设备租赁成本，并将进度安排变化情况汇报给了总监理工程师。[**案例节选**]

问题：

（1）计算图 3-7 网络图的关键线路（用工作表示）和总工期。

（2）根据特种设备使用的特殊情况，重新绘制调整后的施工进度计划网络图，调整后的网络图总工期是多少？

（3）根据重新绘制的网络图，如各工序均按最早开始时间考虑，特种设备计取租赁费用的时长为多少？优化工序的起止时间后，特种设备应在第几周初进场？优化后特种设备计取租赁费用的时长为多少？

17. 【难点】背景资料：

某建设项目，业主委托了监理单位，并与承包商签订了施工总承包合同。总承包合同约定的部分内容如下：

施工合同工期为 240 天，采用单价合同，土方工程综合单价为 40 元/立方米，分项工程实际工程量超过工程量清单数量 10% 以上时调整单价，调整系数为 0.85；人工单价为 80 元/工日，人工窝工费补偿标准为 40 元/工日；工作 E、H 使用同一台租赁设备，租赁费为 1 200元/工日；工作 F、I 使用同一台自备设备，使用费为 800 元/工日，其中，折旧费为 80 元/工日；工作 K 为专业性工程，允许分包。

总承包商提交并经监理单位审批的施工进度计划图如图 3-8 所示（单位：天）。[**案例节选**]

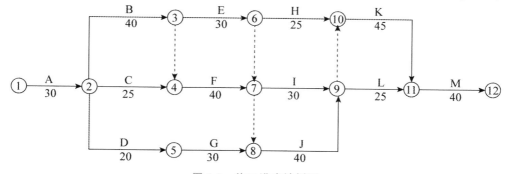

图 3-8　施工进度计划图

问题：

（1）总承包商提交的施工进度计划的计算工期为多少天？
（2）该施工进度计划能否满足合同工期的要求？
（3）该施工进度计划中的关键工作有哪些？

18. 【难点】背景资料：

某工程，建设单位与施工单位按照《建设工程施工合同（示范文本）》（GF—2017—0201）签订了施工合同，施工单位制定的施工总进度计划图如图 3-9 所示（单位：月），各项工作均按最早开始时间安排施工。

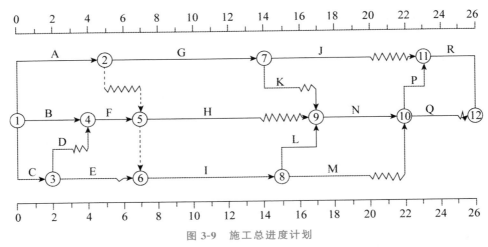

图 3-9　施工总进度计划

在施工过程中，发生了下列事件：

事件一：工作 D 为基础开挖工程，施工中发现地下文物。为实施保护措施，施工单位暂停施工 1 个月，并发生费用 10 万元。为此，施工单位提出了工期索赔和费用索赔。

事件二：工程施工至第 4 个月，由于建设单位要求的设计变更，工作 K 的工作时间增加 1 个月，工作 I 的工作时间缩短为 6 个月，费用增加 20 万元。施工单位据此调整了施工总进度计划，并报项目监理机构审核，总监理工程师批准了调整的施工总进度计划。此后，施工单位提出了工程延期 1 个月、费用补偿 20 万元的索赔。[案例节选]

问题：

（1）指出图 3-9 所示施工总进度计划的关键线路及工作 A、H 的总时差和自由时差。

（2）针对事件一，施工单位被批准的工期索赔和费用索赔各为多少？说明理由。

（3）针对事件二，项目监理机构应批准的工期索赔和费用索赔各为多少？说明理由。

[选择题] 参考答案

1. ABCE	2. ACD	3. A	4. BCDE	5. DE	6. A
7. —	8. —	9. A	10. C	11. —	12. —
13. —	14. A	15. —	16. —	17. —	18. —

- 微信扫码查看本章解析
- 领取更多学习备考资料

考试大纲　考前抢分
答案解析　思维导图

[案例节选] 参考答案

7.（1）$M=5$，$n=3$，$t=2$。

（2）$K=t=2$。（流水步距＝流水节拍）

（3）$T=（M+n-1）\times K=（5+3-1）\times2=14$。

8.（1）各施工过程之间的流水步距计算（大差法）如下：

①列出各施工过程流水节拍的累加数列：

甲：2，6，9，11

乙：3，5，8，11

丙：4，6，7，10

②错位相减，取最大的流水步距：

$$
\begin{array}{r}
K_{甲,乙} \quad 2 \quad 6 \quad 9 \quad 11 \\
-) \quad\quad 3 \quad 5 \quad 8 \quad 11 \\
\hline
2 \quad 3 \quad 4 \quad 3 \quad -11
\end{array}
$$

所以，$K_{甲,乙}=4$（d）。

$$
\begin{array}{r}
K_{乙,丙} \quad 3 \quad 5 \quad 8 \quad 11 \\
-) \quad\quad 4 \quad 6 \quad 7 \quad 10 \\
\hline
3 \quad 1 \quad 2 \quad 4 \quad -10
\end{array}
$$

所以，$K_{乙,丙}=4$（d）。

总工期：$T=(4+4)+(4+2+1+3)+2-1=19$（d）。

（2）绘制该工程流水施工横道计划图如下图所示。

施工过程（工序）	施工进度/d																		
	1	2	3	4	5	6	7	8	9	10	11	12	13	14	15	16	17	18	19
甲																			
乙																			
丙																			

11.（1）调整后的施工进度计划网络图（双代号）如下图所示。

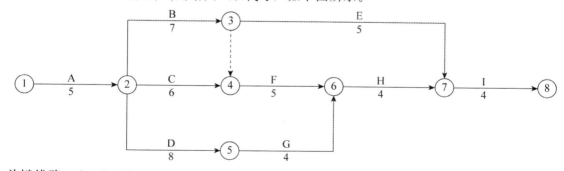

关键线路：A→B→F→H→I、A→D→G→H→I。

总工期＝5+7+5+4+4=25（月）。

（2）事件一：

工期索赔不成立。

理由：工作C为非关键工作，总时差为1个月，停顿2个月后工期拖延只有1个月，所以只能索赔1个月。

费用索赔成立。

理由：工作C停顿是非承包方原因导致的。

事件二：

工期索赔不成立。

理由：工作 E 为非关键工作，总时差为 4 个月，不可抗力延误的 3 个月没有影响总工期，所以工期索赔不成立。

费用索赔不成立。

理由：32.7 万元的费用索赔中，施工设备损失费用 8.2 万元是不能索赔的，由不可抗力事件导致的承包人的施工机械设备损坏及停工损失，由承包人承担。清理和修复工程费用 24.5 万元是可以索赔的，因不可抗力事件导致工程所需清理、修复费用，由发包人承担。

12. 关键线路：A→C→E→G→H。总工期＝5＋4＋9＋2＋3＝23（d）。

13. （1）施工单位关于建筑节能工程的说法不正确。

理由：单位工程的施工组织设计应包括建筑节能工程施工内容。

（2）工作 C 的自由时差＝ES_F－EF_C＝8－6＝2（周）。

工作 F 的总时差＝LS_F－ES_F＝9－8＝1（周），或者，工作 F 的总时差＝LF_F－EF_F＝12－11＝1（周）。

计算工期：14 周。

关键线路：A→D→E→H→I。

（3）施工单位提出的 22d 工期索赔不成立。

理由：虽然设计变更属于非承包商原因，但是延误的时间超过总时差 1d，故只能索赔 1d 的工期。也就是说，工作 C 总时差为 3 周（21d），则由于设计变更产生的工期索赔应为：22－21＝1（d）。

15. （1）该建设项目初始施工进度计划的关键工作有 A、B、G、I、J。

计划工期＝3＋3＋3＋5＋3＝17（月）。

（2）计算线路的总时差＝计划工期－通过该线路的持续时间之和的最大值。

工作 C 的总时差＝17－（3＋2＋3＋5＋3）＝1（月）。

工作 E 的总时差＝17－（3＋3＋6＋3）＝2（月）。

（3）增加工作 D 后的施工进度计划图如下图所示。

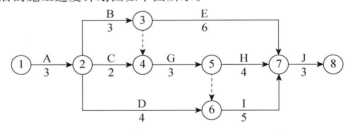

此时的总工期＝3＋3＋3＋5＋3＝17（月）。

（4）工作 G、D 拖延对总工期的影响：

工作 G 的拖延使总工期延长 2 个月。

理由：工作 G 位于关键线路上，它的拖延将延长总工期。

工作 D 的拖延对总工期没有影响。

理由：工作 D 不在关键线路上，且工作 D 的总时差＝17－（3＋4＋5＋3）＝2（月），因此工作 D 的拖延对总工期没有影响。

（5）承包商施工进度计划调整的最优方案：压缩工作 I、工作 J 的持续时间 1 个月。

理由：调整方案包括三种：

第一种：压缩工作 I 的持续时间 2 个月，同时压缩工作 H 的持续时间 1 个月，其增加的费用＝2.5×2＋2×1＝7（万元）。

第二种：压缩工作 J 的持续时间 2 个月，其增加的费用＝3×2＝6（万元）。

第三种：压缩工作 I、工作 J 的持续时间 1 个月，其增加的费用＝2.5×1＋3×1＝5.5（万元）。

由于第三种方案增加的费用最低，施工进度计划调整的最优方案是压缩工作 I、工作 J 的持续时间 1 个月。

16. （1）关键线路为 A→C→F→H→I→L。

总工期＝2＋7＋10＋1＋7＋3＝30（周）。

（2）重新绘制的调整后的施工进度计划网络图如下图所示。

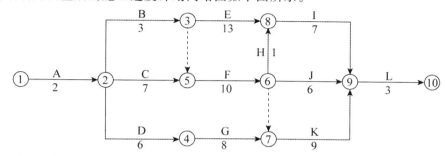

调整后的关键线路为 A→C→F→K→L。

总工期＝2＋7＋10＋9＋3＝31（周）。

（3）各工序均按最早开始时间考虑，特种设备计取租赁费用的时长为 7＋10＋9＝26（周）。

优化工序的起止时间后，工序 B 的总时差为 4 周，为节约租金，所以安排工序 B 晚开工 4 周，按照最迟时间开始，所以特种设备应在第 7 周初进场。

优化后特种设备计取租赁费用的时长为 3＋10＋9＝22（周）。

17. （1）总承包商提交的施工进度计划的计算工期为 235 天。

（2）该施工进度计划能满足合同工期的要求。

（3）该施工进度计划中的关键工作有 A、B、F、J、K、M。

18. （1）关键线路：B→F→I→L→N→P→R。

工作 A 总时差：1 个月；自由时差：0 个月。

工作 H 总时差：3 个月；自由时差：3 个月。

（2）可批准费用索赔 10 万元。

理由：发现文物属于风险事件，按照施工合同约定，为保护文物采取的措施费用应由建设单位负责。

工期索赔不予批准。

理由：因为工作 D 有 1 个月的总时差，处理文物时间没有超过其总时差，没有引起工期变化。

（3）可批准费用索赔 20 万元。

理由：变更事件是建设单位责任，按照施工合同约定，变更增加费用应由建设单位负责。

工期索赔不予批准。

理由：因为工作 K 有 1 个月的总时差，变更增加的时间没有超过其总时差，没有引起工期变化。

第九章　施工质量管理

第一节　结构工程施工

▶ 考点1 地基基础工程施工质量管理

1.【重点】泥浆护壁钻孔灌注桩施工工艺流程中，第二次清孔前的工艺为（　　）。[单选]

A. 下钢筋笼和导管　　　　　　　　B. 终孔验收

C. 浇筑混凝土　　　　　　　　　　D. 清除沉渣度

2.【重点】关于地基基础工程施工质量管理，下列说法错误的有（　　）。[多选]

A. 铺设灰土前，基槽内应洒水湿润

B. 砂和砂石地基，砂宜选用颗粒级配良好、质地坚硬的细砂或粉砂

C. 泥浆护壁钻孔灌注桩用泥浆循环清孔时，清孔后的泥浆相对密度控制在 1.15～1.25

D. 基坑内地下水位应降至拟开挖下层土方的底面以下不小于 0.5m

E. 填方应按设计要求预留沉降量，一般不低于填方高度的 3%

▶ 考点2 砌体结构工程施工质量管理

3.【基础】快硬硅酸盐水泥超过（　　）个月时，应复查试验，并按复验结果使用。[单选]

A. 1　　　　　　　　　　　　　　　B. 2

C. 3　　　　　　　　　　　　　　　D. 6

4.【重点】背景资料：

　　某办公楼工程，钢筋混凝土框架结构，地下 1 层，地上 8 层，层高为 4.5m。工程桩采用泥浆护壁钻孔灌注桩，墙体采用普通混凝土小砌块，工程外脚手架采用双排落地扣件式钢管脚手架。位于办公楼顶层的会议室，其框架柱间距为 8m×8m。项目部按照绿色施工要求，收集现场施工废水循环利用，在施工过程中，发生了下列事件：

　　事件三：因工期紧，砌块生产 7d 后运往工地进行砌筑，砌筑砂浆采用收集的循环水进行现场拌制。墙体一次砌筑至梁底以下 20mm 位置，待 14d 后砌筑密实。监理工程师进行现场巡视后责令停工整改。[案例节选]

　　问题：

　　针对事件三中的不妥之处，写出相应的正确做法。

▶ 考点3 混凝土结构工程施工质量管理

5.【重点】对钢筋混凝土所用粗骨料进场复验时，不属于必须复验项目的是（　　）。[单选]

A. 颗粒级配　　　　　　　　　　　B. 含泥量

C. 压碎指标　　　　　　　　　　　D. 泥块含量

6.【重点】关于混凝土结构工程施工质量管理，下列说法正确的有（　　）。[多选]

A. 模板立杆的步距不应大于 1.8m

B. 满堂支撑架的可调底座、可调托撑螺杆伸出长度不宜小于 300mm

C. 同一工程、同一原材料来源、同一组生产设备生产的成型钢筋，检验批量不宜大于 30t

D. 同一生产厂家、同一品种、同一等级且连续进场的水泥袋装不超过 200t 为一检验批

E. 钢筋混凝土结构使用含氯化物的水泥时，混凝土中氯化物总含量必须符合国家标准规定

7.【重点】预制构件进场时，需提供的质量证明文件包括（　　）。[多选]

A. 出厂合格证　　　　　　　　　　B. 钢筋复验单

C. 混凝土强度检验报告   D. 进场复验报告

E. 钢筋套筒等的工艺检验报告

考点4　钢结构工程施工质量管理

8.【基础】钢结构在表面达到清洁程度后，油漆防腐涂装与表面除锈之间的间隔时间一般宜在（　　）之内，在车间内作业或温度较低的晴天不应超过（　　）。［单选］

A. 2h 和 8h
B. 4h 和 10h
C. 4h 和 8h
D. 4h 和 12h

9.【难点】关于钢结构涂装工程，下列说法正确的有（　　）。［多选］

A. 薄型防火涂料面层应在底层洒水湿润后开始涂装

B. 当大气温度低于 0℃ 或钢结构表面温度低于露点 5℃ 时，应停止热喷涂操作

C. 各喷涂层之间的喷枪方向应相互平行

D. 钢结构表面处理与热喷涂施工的间隔时间，雨天、潮湿、有盐雾的气候条件下不超过 2h

E. 防火涂料涂装施工应分层进行，上层涂层干燥或固化后，方可进行下道涂层施工

第二节　装饰装修工程施工

考点　装饰装修工程施工质量管理

10.【基础】下列关于门窗工程检验批的说法，错误的是（　　）。［单选］

A. 特种门每个检验批应至少抽查 50%，并不得少于 10 樘，不足 10 樘时应全数检查

B. 高层建筑的外窗，每个检验批应至少抽查 10%，并不得少于 6 樘，不足 6 樘时应全数检查

C. 木门窗、金属门窗、塑料门窗及门窗玻璃，每个检验批应至少抽查 10%

D. 同一品种、类型和规格的特种门每 50 樘应划分为一个检验批，不足 50 樘也应划分为一个检验批

11.【重点】关于整体面层的施工，下列说法错误的是（　　）。［单选］

A. 铺设整体面层时，其水泥类基层的抗压强度不得小于 1.0MPa

B. 整体面层施工后，养护时间不应少于 7d

C. 当采用掺有水泥的拌合料做踢脚线时，不得用石灰混合砂浆打底

D. 水泥类整体面层的抹平工作应在水泥初凝前完成

第三节　屋面与防水工程施工

考点1　屋面工程施工质量管理

12.【重点】关于屋面基层与保护工程，下列说法正确的有（　　）。［多选］

A. 找平层分格缝纵横间距不宜大于 5m

B. 基层阴阳角处应做成直角形

C. 隔汽层应沿墙面向上连续铺设，高出保温层上表面不得小于 150mm

D. 卷材搭接缝应满粘，其搭接宽度不应小于 80mm

E. 用块体材料做保护层时，宜设置分格缝，分格缝纵横间距不应大于 10m

13.【重点】关于屋面涂膜防水层的施工，下列说法正确的有（　　）。［多选］

A. 有机防水涂料宜用于结构主体的迎水面，无机防水涂料宜用于结构主体的背水面

B. 如面积较大须留设施工缝时，接涂部位搭接应大于 100mm

C. 胎体增强材料涂膜，胎体材料同层相邻的搭接宽度应大于 100mm

D. 溶剂型涂料贮运和保管环境温度不宜低于—5℃

E. 溶剂型涂料施工环境温度不宜低于—10℃

 考点2 防水工程施工质量管理

14. 【难点】关于地下防水工程施工质量管理，下列说法正确的有（　　）。[多选]

A. 防水混凝土结构内部设置的各种钢筋或绑扎铁丝，不得接触模板

B. 在终凝后应立即进行养护，养护时间不得少于14d

C. 防水混凝土冬期施工时，混凝土入模温度不应低于0℃，应采取保温保湿养护措施

D. 混凝土养护应采用综合蓄热法、蓄热法、暖棚法、掺化学外加剂等方法，但不得采用电热法或蒸汽直接加热法

E. 铺贴三元乙丙橡胶防水卷材应采用热粘法施工

15. 【难点】关于卷材防水层质量控制，下列说法正确的有（　　）。[多选]

A. 防水卷材施工前，基面应干净、干燥，并应涂刷基层处理剂

B. 卷材防水层基面阴阳角处应做成圆弧或倒角

C. 聚合物改性沥青类防水卷材采用热熔法搭接时，搭接宽度应不少于80mm

D. 铺贴聚氯乙烯防水卷材，接缝采用焊接法施工时，应先焊短边搭接缝，后焊长边搭接缝

E. 高分子自粘胶膜防水卷材短边应采用自粘边搭接，长边应采用胶粘带搭接

第四节　工程质量验收管理

 考点1 室内环境质量验收

16. 【基础】室内环境检测甲醛浓度，采用自然通风的民用建筑工程，检测应在对外门窗关闭（　　）后进行。[单选]

A. 1h

B. 2h

C. 8h

D. 24h

17. 【基础】室内环境检测氡浓度，采用自然通风的民用建筑工程，检测应在对外门窗关闭（　　）后进行。[单选]

A. 1h

B. 2h

C. 8h

D. 24h

 考点2 检验批、分部工程及节能工程验收

18. 【基础】关于检验批的划分，说法正确的是（　　）。[单选]

A. 散水、台阶、明沟一般单独划分为一个检验批

B. 地基基础的分项工程一般划分为一个检验批

C. 单层建筑的分项工程不能按变形缝等划分检验批

D. 多层及高层建筑的分项工程不能按施工段来划分检验批

19. 【基础】建筑工程质量验收划分时，分部工程的划分依据有（　　）。[多选]

A. 工程量

B. 工程部位

C. 楼层

D. 专业性质

E. 变形缝

20. 【重点】关于建筑节能分部工程质量验收，下列说法正确的有（　　）。[多选]

A. 质量控制资料应完整

B. 检验批应全部合格

C. 外墙节能构造现场实体检验结果应符合设计要求

D. 建筑设备工程系统节能性能检测结果应合格

E. 有监理工程师签发的验收合格报告

考点 3　工程施工资料管理

21.【基础】竣工图章的基本内容不包括（　　）。[单选]

A. 审核人

B. 编制人

C. 编制日期

D. 安全负责人

22.【基础】关于归档文件的质量要求，下列说法正确的有（　　）。[多选]

A. 归档的工程文件原件与复印件内容应一致

B. 归档的建设工程电子文件应采用通用格式进行存储，可以省略签名

C. 工程文件中文字材料幅面尺寸规格宜为 A4 幅面

D. 归档的建设工程电子文件的内容必须与其纸质档案一致

E. 所有竣工图均应加盖竣工图章

23.【重点】关于工程文件的归档、验收与移交，下列说法错误的是（　　）。[单选]

A. 工程文件归档必须在单位工程竣工验收后进行

B. 工程档案的编制不得少于两套，一套应由建设单位保管，一套（原件）应移交当地城建档案管理机构保存

C. 施工单位应向建设单位移交施工资料

D. 实行施工总承包的，各专业承包单位应向施工总承包单位移交施工资料

24.【难点】背景资料：

　　某工程，施工单位按照合同约定，将设备安装分包给甲分包单位，建设单位负责设备采购。实施过程中发生如下事件：

　　事件一：建设单位要求施工单位完成以下工作：①主持图纸会审；②编制现场总平面布置图；③复核施工控制网；④办理施工许可证。

　　事件四：工程预验收合格后，建设单位安排施工单位项目经理组织竣工验收，验收合格后，施工单位要求项目监理机构将资料上报至施工单位，汇总后向城建档案管理机构移交资料。[案例节选]

　　问题：

　　（1）针对事件一，逐条指出建设单位的要求是否妥当，说明理由。

　　（2）针对事件四，指出有哪些不妥之处，并写出正确做法。

［选择题］参考答案

1. A	2. ABE	3. A	4. —	5. C	6. CD
7. ACE	8. D	9. DE	10. C	11. A	12. CDE
13. ABC	14. ABD	15. AB	16. A	17. D	18. B
19. BD	20. ACD	21. D	22. CDE	23. A	24. —

- 微信扫码查看本章解析
- 领取更多学习备考资料

考试大纲　考前抢分
答案解析　思维导图

［案例节选］参考答案

4. 不妥之处一：砌块生产 7d 后运往工地进行砌筑。

正确做法：砌块达到 28d 强度后进行砌筑。

不妥之处二：墙体一次砌筑至梁底以下 20mm 位置。

正确做法：因层高为 4.5m，砌体每天砌筑高度不超过 1.2m，砌体至少应分 4d 砌筑。

24. （1）①不妥当。

理由：图纸会审应由建设单位主持。

②妥当。

理由：现场总平面布置图应由施工单位编制。

③不妥当。

理由：复核施工控制网属于监理单位的职责。

④不妥当。

理由：施工许可证应由建设单位办理。

（2）不妥之处一：建设单位安排施工单位项目经理组织竣工验收。

正确做法：应由建设单位组织竣工验收。

不妥之处二：施工单位要求项目监理机构将资料上报至施工单位。

正确做法：项目监理机构向监理单位移交资料归档，监理单位向建设单位移交资料归档，
建设单位向城建档案管理机构移交资料归档。

 学习总结

....

....

....

....

第十章　施工成本管理

第一节　施工成本影响因素及管理流程

考点1　施工成本影响因素及施工成本全要素管理

1. 【基础】以下属于间接成本的有（　　）。[多选]
   A. 人工费　　　　　　　　　　　B. 机械费
   C. 企业管理费　　　　　　　　　D. 规费
   E. 措施费

2. 【重点】施工成本全要素管理包括的内容有（　　）。[多选]
   A. 完善奖惩制度
   B. 规范管理程序
   C. 完善管理制度
   D. 规范考核办法
   E. 落实管理办法

考点2　施工成本管理流程

3. 【重点】施工成本管理流程包括：①成本控制；②成本核算；③成本考核；④成本分析；⑤成本预测；⑥成本计划。正确的顺序是（　　）。[单选]
   A. ①→②→④→③→⑤→⑥
   B. ①→③→⑤→⑥→②→④
   C. ⑤→⑥→①→②→④→③
   D. ⑤→⑥→④→③→①→②

4. 【基础】对施工中所发生的各种费用进行归集，计算出施工费用的实际发生额，这项工作属于成本管理流程中的（　　）。[单选]
   A. 成本预测　　　　　　　　　　B. 成本核算
   C. 成本分析　　　　　　　　　　D. 成本考核

第二节　施工成本计划及分解

考点　施工成本计划编制

5. 【重点】可按照项目的管理费核算项目间接费的有（　　）。[多选]
   A. 劳动保护费　　　　　　　　　B. 管理薪酬
   C. 工程保修费　　　　　　　　　D. 场地清理费
   E. 二次搬运费

6. 【基础】施工成本按照施工项目成本费用目标划分可分为（　　）。[多选]
   A. 管理成本
   B. 生产成本
   C. 不可预见成本
   D. 工期成本
   E. 质量成本

第三节 施工成本分析与控制

考点 1 施工成本分析

7.【基础】下列分析方法中，属于施工成本基本分析方法的有（　　）。[多选]

A. 比较法

B. 因素分析法

C. 分类分析法

D. 差额分析法

E. 比率法

8.【基础】建筑工程常用的成本分析方法是（　　）。[单选]

A. 比较法

B. 竣工成本分析

C. 分部分项成本分析

D. 因素分析法

考点 2 施工成本控制

9.【重点】按照价值工程计算公式，提高价值的途径有（　　）。[多选]

A. 功能不变，成本降低

B. 功能提高，成本不变

C. 成本稍有提高，大大提高功能

D. 降低辅助功能，大幅度降低成本

E. 功能提高，成本提高

10.【重点】运用价值工程优选设计方案，分析计算结果为：甲方案单方造价为 1 500 元，价值系数为 1.13；乙方案单方造价为 1 550 元，价值系数为 1.25；丙方案单方造价为 1 300 元，价值系数为 0.89；丁方案单方造价为 1 320 元，价值系数为 1.08。则最佳方案为（　　）。[单选]

A. 甲方案

B. 乙方案

C. 丙方案

D. 丁方案

第四节 施工成本管理绩效评价与考核

考点 施工成本管理绩效核算

11.【重点】下列关于各项成本目标完成率的核算，错误的是（　　）。[多选]

A. 劳动生产率＝工程承包价格/工程实际耗用总工日数

B. 材料成本降低率＝（承包价中的材料成本－实际材料成本）/实际材料成本×100%

C. 单方用工＝工程预计（或实际）耗用工日数/工程建筑面积

D. 成本降低率＝（预算或目标成本－实际成本）/预算或目标成本×100%

12.【基础】项目成本考核的内容有（　　）。[多选]

A. 阶段性目标成本的节约情况

B. 考核兑现

C. 施工成本核算的真实性、符合性

D. 成本计划的编制和落实情况

E. 建立以项目经理为核心的成本责任制落实情况

13.【重点】下列关于成本绩效的相关说法，正确的有（　　　）。[多选]

A. 施工成本管理绩效主要采用纵向比较施工成本管理的成绩与效果

B. 纵向比较施工成本指同类企业、同类目标的经济数据

C. 项目成本考核以项目成本降低额、项目成本降低率作为对项目管理机构成本考核的主要指标

D. 应对项目部的成本和效益进行全面评价、考核与奖惩

E. 项目部应根据项目管理成本考核结果对相关人员进行奖惩

[选择题] 参考答案

1. CD	2. BCE	3. C	4. B	5. ABC	6. BCDE
7. ABDE	8. D	9. ABCD	10. B	11. B	12. BCDE
13. CDE					

- 微信扫码查看本章解析
- 领取更多学习备考资料

考试大纲　考前抢分
答案解析　思维导图

✎学习总结

第十一章　施工安全管理

▶ 考点1 基坑工程安全管理

1. 【难点】背景资料：

　　某高校新建宿舍楼工程，地下1层，地上5层，钢筋混凝土框架结构，采用悬臂式钻孔灌注桩排桩作为基坑支护结构，施工总承包单位按规定在土方开挖过程中实施桩顶位移监测并设定了监测预警值。

　　施工过程中，发生了下列事件：

　　事件二：土方开挖时，在支护桩顶设置了900mm高的基坑临边安全防护栏杆，在紧靠栏杆的地面上堆放了砌块、钢筋等建筑材料。挖土过程中，发现支护桩顶向坑内发生的位移超过预警值，现场立即停止挖土作业，并在坑壁增设锚杆以控制桩顶位移。[**案例节选**]

　　问题：

　　请指出事件二中的错误之处，并分别写出正确做法。

2. 【重点】背景资料：

　　天津某沿海住宅工程，建筑面积为86 700m²，地下2层，地上24层，混凝土框架结构。由于地质条件较差，基坑采用支撑式支护形式。地下水降排采用坑内井点结合截水帷幕的形式。基坑周围地下管线复杂，需要保护。基坑开挖过程中，出现了渗水现象。[**案例节选**]

　　问题：

　　基坑开挖过程中出现渗水现象，项目部应采取哪些措施？

▶ 考点2 脚手架工程安全管理要点

3. 【重点】脚手架使用过程中，当遇到（　　）情况时，应对脚手架进行检查并应形成记录，确认安全后方可继续使用。[**多选**]

A. 大雨及以上降水后　　　　　　　　　B. 停用超过1个月

C. 承受偶然荷载后　　　　　　　　　　D. 架体部分拆除

E. 遇有5级及以上强风后

4. 【重点】下列关于脚手架的拆除作业，符合规定的有（　　）。[**多选**]

A. 架体拆除应按自上而下的顺序按步逐层进行

B. 工期较紧张时，可以上下同时作业

C. 同层杆件应按先外后内的顺序拆除

D. 先将连墙件整层或数层拆除后再拆架体

E. 作业脚手架连墙件应随架体逐层、同步拆除

▶ 考点3 模板工程安全管理要点

5. 【重点】关于模板工程安全管理要点，下列说法正确的有（　　）。[**多选**]

A. 为合理传递荷载，立柱底部应设置木垫板、砖

B. 相邻两立柱的对接接头在同步时，竖向错开的距离不宜小于500mm

C. 立杆接长，除顶层顶步外，其余各层各步接头必须采用对接扣件连接

D. 满堂支撑架的可调底座、可调托撑螺杆伸出长度不宜超过300mm

E. 所有水平拉杆的端部均应与四周建筑物顶紧顶牢

6. 【重点】背景资料：

　　某新建体育馆工程，建筑面积约 23 000m²，现浇钢筋混凝土结构，钢结构网架屋盖，地下 1 层，地上 4 层，地下室顶板设有后张法预应力混凝土梁。

　　地下室顶板同条件养护试件强度达到设计要求时，施工单位现场生产经理立即向监理工程师口头申请拆除地下室顶板模板，监理工程师同意后，现场将地下室顶板模板及支架全部拆除。[案例节选]

　　问题：

　　(1) 监理工程师同意地下室顶板拆模是否正确？

　　(2) 背景资料中，地下室顶板预应力梁拆除底模及支架的前提条件有哪些？

▶ 考点 4　高处作业安全管理

7. 【基础】工人在 10m 高的脚手架上作业，根据国家标准，该作业属于（　　）级高处作业。[单选]

A. 一　　　　　　　　　　　　　　B. 二

C. 三　　　　　　　　　　　　　　D. 四

8. 【重点】关于高处作业安全管理，下列说法错误的是（　　）。[单选]

A. 高处作业高度在 5～15m 时，划定为二级高处作业，其坠落半径为 3m

B. 悬挑式操作平台安装时，应与建筑结构进行拉结

C. 移动式操作平台台面不得超过 10m²，高度不得超过 5m

D. 移动式操作平台仅允许带不多于 2 人移动

▶ 考点 5　洞口、临边防护管理要求

9. 【基础】下列关于电梯井内安全防护措施的说法，正确的是（　　）。[单选]

A. 每隔两层且不大于 10m 设一道安全平网

B. 每隔两层且不大于 12m 设两道安全平网

C. 每隔三层且不大于 10m 设一道安全平网

D. 每隔三层且不大于 12m 设两道安全平网

10. 【难点】关于预留洞口作业的防坠落措施，下列说法正确的有（　　）。[多选]

A. 当竖向洞口短边边长大于或等于 500mm 时，应在临空一侧设置高度不小于 1.0m 的防护栏杆，并应采用密目式安全立网或工具式栏板封闭，设置挡脚板

B. 当竖向洞口短边边长小于 500mm 时，应采取封堵措施

C. 当非竖向洞口短边边长大于或等于 1 500mm 时，应在洞口作业侧设置高度不小于 1.2m 的防护栏杆，洞口应采用安全平网封闭

D. 当非竖向洞口短边边长为 500～1 500mm 时，应采用盖板覆盖或防护栏杆等措施，并应固定牢固

E. 当非竖向洞口短边边长为 25～500mm 时，应采用承载力满足使用要求的盖板覆盖，盖板四周搁置应均衡，且应防止盖板移位

11. 【重点】背景资料：

　　某机关综合办公楼工程，建筑面积为 12 000m²，地上 18 层，地下 2 层，现浇混凝土框架结构，由某建筑工程公司施工总承包。

　　基坑施工中，项目部对施工现场的防护栏杆进行了检查，检查中发现：防护栏杆上杆离地高度为 0.8～1.0m，下杆离地高度为 0.5～0.6m；横杆长度大于 2m 的部位，加设了栏杆柱；栏杆在基坑四周固定，钢管打入地面 30～50cm 深，钢管离边口的距离为 30cm；栏

杆下边设置 15cm 高挡脚板。[**案例节选**]

问题：

请指出不妥之处，并分别写出正确做法。

▶ **考点6** 垂直运输机械安全控制要点

12.【基础】为保证物料提升机整体稳定采用缆风绳时，高度在 30m 以下的应设不少于（　　）组。[**单选**]

A. 1　　　　　　　　　　　　　　　　　　B. 2

C. 3　　　　　　　　　　　　　　　　　　D. 4

13.【重点】下列关于塔式起重机安装和使用的说法，正确的有（　　）。[**多选**]

A. 安装和拆卸作业必须由取得相应资质的专业队伍进行

B. 业主、监理、施工单位共同验收后可直接使用

C. 在吊物载荷达到额定载荷的 95％时，应先将吊物吊离地面 200～500mm 后进行检查

D. 行走式塔式起重机要松开轨钳

E. 遇有风速在 12m/s（或六级）及以上的大风或大雨、大雪、大雾等恶劣天气时，应停止作业

14.【难点】下列关于垂直运输机械的安全控制做法，正确的有（　　）。[**多选**]

A. 高度为 23m 的物料提升机采用 1 组缆风绳

B. 在外用电梯底笼周围 2.0m 范围内设置牢固的钢护栏杆

C. 塔式起重机基础的设计计算作为固定式塔式起重机专项施工方案内容之一

D. 现场多塔作业时，塔机间保持安全距离

E. 遇六级大风以上恶劣天气时，塔式起重机停止作业，并将吊钩放下

15.【基础】在吊物载荷达到额定载荷的 90％时，应先（　　），再起吊。[**单选**]

A. 在地面静置一段时间

B. 将吊物吊离地面 200～500mm

C. 将吊物吊离地面 100～300mm

D. 检查物件绑扎情况

▶ **考点7** 施工安全检查与评定

16.【重点】下列关于配电箱与开关箱的施工安全检查，说法正确的有（　　）。[**多选**]

A. 施工现场配电系统应采用三级配电、二级漏电保护系统

B. 开关箱与用电设备间的距离不应超过 1.5m

C. 分配电箱与开关箱间的距离不应超过 30m

D. 箱体应设置系统接线图和分路标记，并应有门、锁及防雨措施

E. 箱体安装位置、高度及周边通道应符合施工方案要求

17.【基础】某写字楼工程，结构施工至十七层时，项目部组织自评，分项检查评分表无零分，最终评分汇总表得分 78 分。项目部自评结果的等级是（　　）。[**单选**]

A. 优良　　　　　　　　　　　　　　　　　B. 合格

C. 一般　　　　　　　　　　　　　　　　　D. 不合格

18.【基础】文明施工检查评定保证项目应包括（　　）。[**多选**]

A. 材料管理　　　　　　　　　　　　　　　B. 现场围挡

C. 现场防火　　　　　　　　　　　　　　　D. 公示标牌

E. 应急救援

[选择题] 参考答案

1. —	2. —	3. ABCD	4. ACE	5. DE	6. —
7. B	8. D	9. A	10. BCDE	11. —	12. B
13. AE	14. CD	15. B	16. ACD	17. B	18. ABC

- 微信扫码查看本章解析
- 领取更多学习备考资料

考试大纲 考前抢分
答案解析 思维导图

[案例节选] 参考答案

1. 错误之处：在支护桩顶设置了900mm高的基坑临边安全防护栏杆。
   正确做法：防护栏杆上杆离地高度为1.0～1.2m，下杆离地高度为0.5～0.6m。

2. 在基坑开挖过程中，一旦出现渗水或漏水，应根据水量大小，采用坑底设沟排水、引流修补、密实混凝土封堵、压密注浆、高压喷射注浆等方法及时处理。

6. (1) 监理工程师同意地下室顶板拆模不正确。
   (2) 地下室顶板预应力梁拆除底模及支架的前提条件有：①现浇混凝土结构模板及其支架拆除时的混凝土强度应符合设计要求；②拆模作业之前必须填写拆模申请，当同条件养护试块强度记录达到规定要求时，得到技术负责人批准方能拆模；③底模应在预应力筋张拉后拆除。

11. 不妥之处一：防护栏杆上杆离地高度为0.8～1.0m。
    正确做法：防护栏杆上杆离地高度应为1.0～1.2m。
    不妥之处二：栏杆在基坑四周固定，钢管打入地面30～50cm深。
    正确做法：栏杆在基坑四周固定时，可采用钢管打入地面50～70cm深。
    不妥之处三：钢管离边口的距离为30cm。
    正确做法：钢管离边口的距离不应小于50cm。
    不妥之处四：栏杆下边设置了15cm高挡脚板。
    正确做法：在栏杆下边设置高度应不低于18cm的挡脚板。

✎ 学习总结

第十二章　绿色施工及现场环境管理

第一节　绿色施工及环境保护

考点 1 绿色施工及环境保护要求

1.【基础】下列内容中，不属于绿色施工"四节"范畴的是（　　）。[单选]
　　A. 节约能源
　　B. 节约用地
　　C. 节约用水
　　D. 节约用工

2.【基础】施工期间的噪声排放应当符合国家规定的建筑施工场界噪声排放标准，夜间施工是指（　　）。[单选]
　　A. 当日 22 时至次日 6 时
　　B. 当日 22 时至次日 8 时
　　C. 当日 20 时至次日 6 时
　　D. 当日 24 时至次日 6 时

考点 2 施工现场卫生防疫及职业健康

3.【基础】施工现场发生法定传染病时，向工程所在地建设行政主管部门报告的时间要求是（　　）内。[单选]
　　A. 1h　　　　　　　　　　　　　B. 2h
　　C. 4h　　　　　　　　　　　　　D. 8h

4.【基础】关于现场食堂的管理，下列说法错误的是（　　）。[单选]
　　A. 现场食堂门扇下方应设高度不低于 0.2m 的防鼠挡板
　　B. 炊事人员必须持身体健康证上岗
　　C. 超过 200 人的食堂，下水沟应设过油池
　　D. 现场食堂的制作间地面应作硬化和防滑处理

考点 3 施工现场文明施工及成品保护

5.【重点】关于现场文明施工管理，下列说法错误的有（　　）。[多选]
　　A. 现场必须实施封闭管理，车、人出入口分开
　　B. 现场每间宿舍居住人员不得超过 16 人
　　C. 现场应建立防火制度和火灾应急响应机制
　　D. 现场的泥浆和污水直接排放至市政管网
　　E. 夜间施工后，及时办理夜间施工许可证

6.【基础】对于门口、柱角等易被磕碰部位，可以固定专用防护条或包角等措施进行防护，这是指成品保护中的（　　）。[单选]
　　A. 护　　　　　　　　　　　　　B. 包
　　C. 盖　　　　　　　　　　　　　D. 封

第二节　施工现场消防

▶ 考点 1　施工现场防火要求

7. 【重点】下列施工作业中，动火等级最低的是（　　）。[单选]

A. 钢构焊接　　　　　　　　　　　B. 登高焊接

C. 变压设备管道焊接　　　　　　　D. 办公区大门焊接

8. 【基础】下列施工中，属于一级动火等级的有（　　）。[多选]

A. 储存过易燃液体的容器

B. 各种受压设备

C. 小型油箱

D. 比较密闭的室内

E. 堆有大量可燃物的场所

9. 【重点】下列场所进行的用火作业中，（　　）为三级动火。[单选]

A. 登高焊、割作业

B. 焊接工地围挡

C. 各种受压设备

D. 比较密封的地下室

10. 【重点】二级动火作业的防火安全技术措施应由（　　）审查批准。[多选]

A. 项目负责人　　　　　　　　　　B. 项目责任工程师

C. 项目技术负责人　　　　　　　　D. 项目安全管理部门

E. 企业安全管理部门

▶ 考点 2　施工现场消防管理

11. 【重点】施工现场消防器材配备正确的是（　　）。[单选]

A. 临时搭设的建筑物区域内每 $100m^2$ 配备 1 只 10L 灭火器

B. 应有足够的消防水源，其进水口一般不应少于两处

C. 消防箱内消防水管长度不小于 20m

D. 大型临时设施总面积超过 1 000 m^2，应配有消防用的积水桶等器材设施

12. 【难点】下列关于油漆料库与调料间的防火要求，说法正确的有（　　）。[多选]

A. 油漆料库与调料间应分开设置，且应与散发火星的场所保持一定的防火间距

B. 调料人员应穿不易产生静电的工作服、不带钉子的鞋

C. 性质相抵触、灭火方法不同的品种，应分库存放

D. 调料间可兼作更衣室和休息室

E. 调料间内不应存放超过当日调制所需的原料

13. 【难点】下列关于木工操作间的防火要求，说法错误的有（　　）。[多选]

A. 抛光、电锯等部位的电器设备应采用密封式或防爆式设备

B. 配电盘、刀闸下方不能堆放成品、半成品及废料

C. 操作间的建筑应采用阻燃材料搭建

D. 操作间冬季可采用明火取暖

E. 操作间应存放可供 2 天使用的用料

[选择题] 参考答案

1. D	2. A	3. B	4. C	5. DE	6. A
7. D	8. ABDE	9. B	10. AD	11. B	12. ABCE
13. DE					

- 微信扫码查看本章解析
- 领取更多学习备考资料

考试大纲　考前抢分
答案解析　思维导图

✎ 学习总结

第四篇 案例专题

专题一　施工成本管理

第一题

【案例】成本管理—索赔

背景资料:

建设单位 A 与总承包 B 公司于 5 月 30 日签订了某科研实验楼的总承包合同,合同中约定了变更工作事项。

B 公司编制了施工组织设计与进度计划,并获得监理工程师批准。B 公司将工程桩分包给 C 公司,并签订了分包合同,施工内容为混凝土灌注桩 600 根,桩直径 600mm,桩长 20m,混凝土充盈系数 1.1。分包合同约定,6 月 18 日开工,7 月 17 日完工。打桩工程直接费单价为 280 元/立方米,综合费率为直接费的 20%。在施工过程中发生了下列事件:

事件一:由于 C 公司桩机故障,C 公司于 6 月 16 日以书面形式向 B 公司提交了延期开工申请,工程于 6 月 21 日开工。

事件二:由于建设单位图纸原因,监理工程师发出 6 月 25 日开始停工、6 月 27 日复工指令。7 月 1 日开始连续下一周罕见大雨,工程桩无法施工,停工 7 天。

事件三:7 月 10 日,建设单位图纸变更,监理工程师下达指令,增加 100 根工程桩(桩型同原工程桩)。B 公司书面向监理工程师提出了工程延期及变更估价申请。

问题:

1. 事件一中,C 公司提出的延期申请是否有效?请说明理由。

2. 事件二中,工期索赔是否成立?请说明理由。如果成立,索赔工期为多少天?

3. 事件三中,可索赔工期为多少天?请列出计算式。合理索赔金额是多少(保留 2 位小数)?请列出计算式。工程桩直接费单价是否可以调整?请说明理由。

第二题

【案例】成本管理—价值工程应用

背景资料:

某开发商投资兴建办公楼工程,建筑面积为 9 600m²,地下 1 层,地上 8 层,现浇钢筋混凝土框架结构。经公开招投标,某施工单位中标,中标清单部分费用分别是:分部分项工程费为 3 793 万元、措施项目费为 547 万元、脚手架费为 336 万元、暂列金额为 100 万元、其他项目费为 200 万元、规费及税金为 264 万元,双方签订了工程施工承包合同。

施工单位为了保证项目履约,进场施工后立即着手编制项目管理规划大纲,实施项目管理实施规划,制定了项目部内部薪酬计酬办法,并与项目部签订项目目标管理责任书。

项目部为了完成项目目标责任书的目标成本,采用技术与商务相结合的办法,分别制订了 A、B、C 三种施工方案:A 施工方案成本为 4 400 万元,功能系数为 0.34;B 施工方案成本为 4 300 万元,功能系数为 0.32;C 施工方案成本为 4 200 万元,功能系数为 0.34。项目部通过开展价值工程工作，确定最终施工方案，并进一步对施工组织设计等进行优化，制定了项目部责任成本，摘录数据见表4-1。

表4-1 项目部责任成本表

相关费用	金额/万元
人工费	477
材料费	2 585
机械费	278
措施费	220
企业管理费	280
利润	…
规费	80
税金	…

施工单位为了落实用工管理，对项目部劳务人员实名制管理进行检查，发现项目部在施工现场配备了专职劳务管理人员，登记了劳务人员基本身份信息，存有考勤、工资结算及支付记录。施工单位认为项目部劳务实名制管理工作仍不完善，责令项目部进行整改。

问题：

1. 施工单位签约合同价是多少万元？建筑工程造价有哪些特点？

2. 列式计算项目部三种施工方案的成本系数、价值系数（保留3位小数），并确定最终采用哪种方案。

3. 计算本项目的直接成本、间接成本。

第三题

【案例】成本管理—进度款及竣工结算款支付

背景资料：

某施工单位在中标某高档办公楼工程后，与建设单位按照《建设工程施工合同（示范文本）》签订了施工总承包合同，合同中约定总承包单位将装饰装修、幕墙等分部分项工程进行专业分包。

施工过程中，监理单位下发针对专业分包工程范围内墙面装饰装修做法的设计变更指令，在变更指令下发后的第10天，专业分包单位向监理工程师提出该项变更的估价申请。

监理工程师审核时发现计算有误，要求施工单位修改。于变更指令下发后的第17天，监理工程师再次收到变更估价申请，经审核无误后提交建设单位，但一直未收到建设单位的审批意见。次月底，施工单位在上报已完工程进度款支付时，包含了经监理工程师审核、已完成的该项变更所对应的费用，建设单位以未审批同意为由予以扣除，并提交变更设计增加款项只能在竣工结算前最后一期的进度款中支付。

该工程完工后，建设单位指令施工各单位组织相关人员进行竣工预验收，并要求总监理工程师在预验收通过后立即组织参建各方相关人员进行竣工验收。建设行政主管部门提出验收组织安排有误，责令建设单位予以更正。

在总承包施工合同中约定"当工程量偏差超出5%时，该项增加部分或剩余部分综合单价按5%进行浮动"。施工单位编制竣工结算时发现工程量清单中两个清单项的工程数量增减幅度超出5%，其相应工程数量、单价等数据详见表4-2。

表 4-2 工程量清单数据表

清单项	清单工程量	实际工程量	清单综合单价	浮动系数
清单项 A	5 080m³	5 594m³	452 元/立方米	5%
清单项 B	8 918m²	8 205m²	140 元/平方米	5%

竣工验收通过后，总承包单位、专业分包单位分别将各自施工范围的工程资料移交到监理机构，监理机构整理后将施工资料与工程监理资料一并向当地城建档案管理部门移交，被城建档案管理部门以资料移交程序错误为由予以拒绝。

问题：

1. 针对建设行政主管部门责令改正的验收组织错误，本工程的竣工预验收应由谁来组织？施工单位哪些人必须参加？本工程的竣工验收应由谁进行组织？

2. 分别计算清单项 A、清单项 B 的结算总价（单位：元）。

3. 分别指出总承包单位、专业分包单位、监理单位的工程资料正确的移交顺序。

第四题

【案例】成本管理—费用组成

背景资料：

某建设单位投资新建办公楼，建筑面积为 8 000m²，钢筋混凝土框架结构，地上 8 层。招标文件规定，本工程土建、水电、通风空调、内外装饰、消防、园林景观等工程全部由中标单位负责组织施工。经公开招投标，A 施工总承包单位中标，双方签订的工程总承包合同中约定：合同工期为 10 个月，质量目标为合格。

在合同履行过程中，发生了下列事件：

事件一：A 施工总承包单位中标后，按照"设计、采购、施工"的总承包方式开展相关工作。

事件二：A 施工总承包单位在项目管理过程中，与 F 劳务公司进行了主体结构劳务分包洽谈，约定将模板和脚手架费用计入承包总价，并签订了劳务分包合同。经建设单位同意，A 施工总承包单位将玻璃幕墙工程分包给 B 专业分包单位施工。A 施工总承包单位自行将通风空调工程分包给 C 专业分包单位施工。C 专业分包单位按照分包工程合同总价收取 8% 的管理费后分包 D 专业分包单位。

事件三：A 施工总承包单位对工程中标造价进行分析，费用情况如下：分部分项工程费为 4 800 万元，措施项目费为 576 万元，暂列金额为 222 万元，风险费为 260 万元，规费为 64 万元，税金为 218 万元。

事件四：A 施工总承包单位按照风险管理要求，重点对某风险点的施工方案、工程机械等方面制定了专项策划，明确了分工、责任人及应对措施等管控流程。

问题：

1. 事件一中，A 施工总承包单位应对工程的哪些管理目标全面负责？

2. 事件二中，哪些分包行为属于违法分包？请分别说明理由。

3. 事件三中，A 施工总承包单位的中标造价是多少万元？

专题二　施工进度管理

第五题

【案例】进度管理—绘制双代号网络计划图

背景资料：

某办公楼工程，框架结构，钻孔灌注桩基础，地下1层，地上20层，总建筑面积为25 000m²，其中地下建筑面积为3 000m²。施工单位中标后与建设单位签订了施工承包合同，合同约定："……至2024年6月15日竣工，工期目标为470日历天；质量目标合格；主要材料由施工单位自行采购；因建设单位原因导致工期延误，工期顺延，每延误一天支付施工单位10 000元/天的延误费……"。合同签订后，施工单位实施了项目进度策划，其中上部标准层结构工序安排见表4-3。

表4-3　上部标准层结构工序安排表

工作内容	施工准备	模板支撑体系搭设	模板支设	钢筋加工	钢筋绑扎	管线预埋	混凝土浇筑
工序编号	A	B	C	D	E	F	G
时间/天	1	2	2	2	2	1	1
紧后工序	B、D	C、F	E	E	G	G	/

桩基施工时遇地下溶洞（地质勘探未探明），由此造成工期延误20日历天。施工单位向建设单位提交索赔报告，要求延长工期20日历天，补偿误工费20万元。

施工至十层结构时，因商品混凝土供应迟缓，延误工期10日历天。施工至二十层结构时，建设单位要求将该层进行结构变更，又延误工期15日历天。施工单位向建设单位提交索赔报告，要求延长工期25日历天，补偿误工费25万元。

装饰装修阶段，施工单位采取编制进度控制流程、建立协调机制等措施，保证合同约定工期目标的实现。

问题：

1. 根据上部标准层结构工序安排表绘制出双代号网络图，找出关键线路。

2. 上部标准层结构每层工期是多少日历天？

3. 施工进度计划按编制对象的不同如何分类？

第六题

【案例】进度管理—时标网络图应用

背景资料：

某建筑施工单位在新建办公楼工程前，按照《建筑施工组织设计规范》（GB/T 50502—2009）规定的单位工程施工组织设计应包含的各项基本内容，编制了本工程的施工组织设计，经相应人员审批后报监理机构，在总监理工程师审批签字后按此组织施工。

在施工组织设计中，施工进度计划以时标网络图（单位：月）形式表示。在第8个月末，施工单位对现场实际进度进行检查，并在时标网络图中绘制了实际进度前锋线，如图4-1所示。

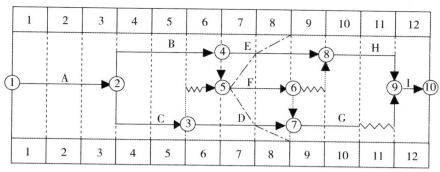

图 4-1　时标网络图

针对检查中所发现实际进度与计划进度不符的情况，施工单位均在规定时限内提出索赔意向通知，并在监理机构同意的时间内上报了相应的工期索赔资料。经监理工程师核实，工序 E 的进度偏差是因为建设单位供应材料原因所导致，工序 F 的进度偏差是因为当地政令性停工导致，工序 D 的进度偏差是因为工人返乡农忙原因导致。根据上述情况，监理工程师对三项工期索赔分别予以批复。

问题：

1. 写出网络图中前锋线所涉及各工序的实际进度偏差情况。
2. 如果后续工作仍按原计划的速度进行，本工程的实际完工工期是多少个月？
3. 工序 E、工序 F、工序 D 是否影响总工期？
4. 写出施工进度计划的关键线路。

第七题

【案例】进度管理—工期优化应用

背景资料：

某新建办公楼工程，地下 2 层，地上 20 层，建筑面积 24 万平方米，钢筋混凝土框架—剪力墙结构，M 公司总承包施工。

事件一：M 公司编制了施工进度计划网络图，如图 4-2 所示。

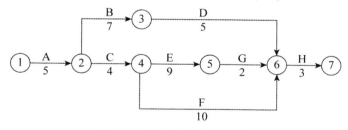

图 4-2　施工进度计划网络图

事件二：M 公司将施工进度计划网络图报送监理单位后，总监理工程师发现 E 工作应该在 B 工作完成后才能开始，要求 M 公司修改，M 公司按监理单位提出的工序要求调整了进度计划，各项工作持续时间不变。

事件三：监理单位对 M 公司修改后的施工进度计划进行审核，要求 M 公司在计划实施中确保修改后的进度计划总工期应与原计划总工期保持不变。原计划各工作相关参数见表 4-4。

表 4-4   原计划各工作相关参数表

工作	最大可压缩时间/天	每天赶工费用/元
A	1	3 000
B	2	2 500
C	1	3 000
D	2	1 000
E	2	1 000
F	4	1 000
G	1	1 200
H	1	1 500

问题：

1. 写出事件一中，施工进度计划的关键线路（以工作表示）并计算总工期。

2. 写出事件二中，M 公司修改后的进度计划的关键线路（以工作表示）并计算总工期。

3. 事件三中，从赶工费用最优的角度考虑，写出应压缩的工作项及每项工作压缩天数，列式计算所需赶工费用（元）。

4. 在进行工期优化时，选择优化对象应考虑哪些因素？

第八题

【案例】进度管理—绘制进度计划横道图

背景资料：

某工程由三个结构形式与建造规模完全一样的单体建筑组成，各单体建筑施工共由五个施工过程组成，分别为：土方开挖、基础施工、地上结构、砌筑工程、装饰装修及设备安装。根据施工工艺要求，地上结构施工完毕后，需等待 2 周后才能进行砌筑工程。

项目部报送监理机构的单位工程进度计划编制依据包括：

（1）主管部门的批示文件及建设单位的要求。

（2）施工图纸及设计单位对施工的要求。

（3）施工企业年度计划对该工程的安排和规定的有关指标。

（4）施工组织总设计对该工程的有关部门规定和安排。

监理机构审查后发现编制依据不充分，要求补充内容。

该工程采用五个专业工作队组织施工，各施工过程的流水节拍见表 4-5。

表 4-5   各施工过程的流水节拍表

施工过程编号	施工过程	流水节拍/周
Ⅰ	土方开挖	2
Ⅱ	基础施工	2
Ⅲ	地上结构	6
Ⅳ	砌筑工程	4
Ⅴ	装饰装修及设备安装	4

问题：

1. 单位工程进度计划编制依据还应补充哪些内容？

2. 根据流水节拍表，此施工过程属于何种形式的流水施工，流水施工的组织形式还有哪些？

3. 绘制其流水施工进度计划横道图并计算总工期。

专题三 施工质量管理

第九题

【案例】质量管理—脚手架搭设质量管理

背景资料：

某施工单位中标一汽车修理厂项目，包括1栋7层框架结构的办公楼、1栋钢结构的车辆维修车间及相关配套设施。施工中发生了以下事件：

事件一：维修车间吊车梁设计使用40mm厚Q235钢板，材料进场后专业监理工程师要求全数抽样复验。施工单位以设计无特殊要求为由拒绝了专业监理工程师的要求。

事件二：维修车间屋面梁设计为高强度螺栓摩擦连接。专业监理工程师在巡检时发现，施工人员正在打磨摩擦面，当螺栓不能自由穿入时，工人现场用气割扩孔，扩孔后部分孔径达到设计螺栓直径的1.35倍。

事件三：维修车间主体结构完成后，总监理工程师组织了主体分部验收，质量为合格。

事件四：办公楼外防护采用扣件式钢管脚手架，搭设示意如图4-3所示（单位：mm）。

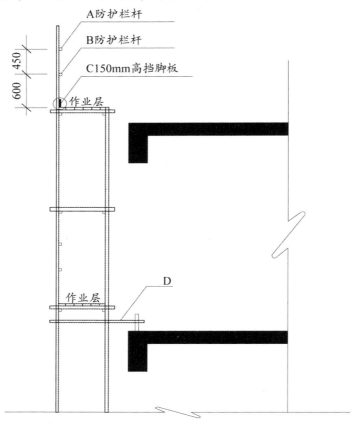

图4-3 扣件式钢管脚手架搭设示意图

问题：

1. 事件一中专业监理工程师的要求是否合理？请说明理由。

2. 指出事件二中错误之处，并说明理由。高强度螺栓连接处摩擦面的处理方法还有哪些？

3. 事件三中分部工程质量验收合格的规定是什么？

4. 分别阐述图中 A、B、C 做法是否符合要求，并写出正确做法，写出 D 的名称。

<h2 style="text-align:center">第十题</h2>

【案例】质量管理—基坑监测管理

背景资料：

某写字楼工程，建筑面积为 8 640m²，建筑高度为 40m，地下 1 层，基坑深度为 4.5m，地上 11 层，钢筋混凝土框架结构。

施工单位中标后组建了项目部，并与项目部签订了项目目标管理责任书。

基坑开挖前，施工单位委托具备相应资质的第三方对基坑工程进行现场监测，监测单位编制了监测方案，经建设方、监理方认可后开始施工。

项目部进行质量检查时，发现现场安装完成的木模板内有铅丝及碎木屑，责令项目部进行整改。

隐蔽工程验收合格后，施工单位填报了浇筑申请单，监理工程师签字确认。施工班组将水平输送泵管固定在脚手架小横杆上，采用振动棒倾斜于混凝土内由近及远、分层浇筑，监理工程师发现后责令停工整改。

问题：

1. 施工单位应根据哪些因素组建项目部？
2. 本工程在基坑监测管理工作中有哪些不妥之处？请说明理由。
3. 混凝土浇筑前，项目部应对模板分项工程进行哪些检查？
4. 在浇筑混凝土工作中，施工班组的做法有哪些不妥之处？请说明正确做法。

<h2 style="text-align:center">第十一题</h2>

【案例】验收管理—室内环境质量验收

背景资料：

办公楼工程，地下 1 层，地上 16 层，面积 18 000m²，基坑深度 6.5m，筏板基础，钢筋混凝土框架结构。混凝土等级：柱 C40，梁、板 C30。项目部进场后，制订了建筑材料采购计划，按规定对钢材、胶合板等材料核查备案证明，钢筋进场时，对抗拉强度等性能指标进行抽样检验。基坑开挖前，项目部编制了"基坑土方开挖方案"，内容包括：采取机械挖土、分层开挖到基底标高，做好地面和坑内排水，地下水位低于开挖面 500mm 以下，施工单位确定，地基间歇期为 14d，过后按要求进行地基质量验收，监理工程师认为部分内容不妥，要求整改。

三层框架混凝土浇筑前，施工单位项目部会同相关人员检查验收了包括施工现场实施条件等混凝土浇筑前相关工作，履行了报审手续。浇筑柱、梁、板节点处混凝土时，在距柱边 300mm 处，梁模板内采取了临时分隔措施并先行浇筑梁、板混凝土。监理工程师立即提出整改要求。室内装修工程完工后第 3 天，施工单位进行了质量验收工作。在二层会议室靠窗户集中设了 5 个室内环境监测点。检测值符合规范要求。

问题：

1. 钢筋进场需抽样检验的性能指标有哪些？
2. 指出土方开挖方案内容的不妥之处，并说明理由。
3. 混凝土浇筑前，施工现场检查验收的工作内容还有哪些？指出柱、梁、板节点混凝土浇筑中的不妥之处，请说明正确做法。
4. 指出施工单位室内环境质量验收中的不妥之处，并写出正确做法。

第十二题

【案例】验收管理—质量缺陷的修复

背景资料:

某现浇钢筋混凝土框架—剪力墙结构办公楼工程,地下1层,地上16层,建筑面积为18 600m²,基坑开挖深度为5.5m。该工程由某施工单位总承包,其中,基坑支护工程由专业分包单位承担施工。

在基坑支护工程施工前,分包单位编制了基坑支护安全专项施工方案,经分包单位技术负责人审批后组织专家论证,监理机构认为专项施工方案及专家论证均不符合规定,不同意进行论证。

在二层的墙体模板拆除后,监理工程师巡视发现局部存在较严重蜂窝孔洞质量缺陷,指令按照《混凝土结构工程施工规范》(GB 50666—2011)的规定进行修整。

结构封顶后,在总监理工程师组织参建方进行主体结构分部工程验收前,监理工程师审核发现施工单位提交的报验资料所涉及的分项不全,指令补充后重新报审。

问题:

1. 按照《危险性较大的分部分项工程安全管理规定》(住房和城乡建设部令第37号)的规定,指出本工程的基坑支护安全专项施工方案审批及专家论证组织中的错误之处,并分别写出正确做法。

2. 较严重蜂窝孔洞质量缺陷的修整过程应包括哪些主要工序?

3. 本工程主体结构分部工程验收资料应包括哪些分项工程?

专题四 施工平面布置管理

第十三题

【案例】现场管理—现场围挡要求

背景资料：

某工程建筑面积为 13 000m²，地处繁华城区。其东、南两面紧邻市区主要路段，西、北两面紧靠居民小区一般路段。在项目实施过程中发生如下事件：

事件一：为控制成本，现场围墙分段设计，实施全封闭式管理，即将东、南两面紧邻市区主要路段设计为 1.8m 高砖围墙，并按市容管理要求进行美化；将西、北两面紧靠居民小区一般路段设计为 1.8m 高普通钢围挡。

事件二：为宣传企业形象，总承包单位在现场办公室前空旷场地竖立了悬挂企业旗帜的旗杆，旗杆与基座预埋件焊接连接。现场设置了安全警示牌。

事件三：施工单位项目部技术人员编制了施工现场临时用电方案。

问题：

1. 分别说明现场砖围墙和普通钢围挡设计高度是否妥当，如有不妥，请给出符合要求的最低设计高度。

2. 事件二中，旗杆与基座预埋件焊接是否需要开动火证？动火等级为多少级？若需要，请说明动火等级并给出相应的审批程序。

3. 施工现场安全警示牌的类型有哪些？设置原则是什么？

4. 施工现场临时用电关于电源电压的规定有哪些？

第十四题

【案例】现场管理—现场用电管理

背景资料：

某机关综合办公楼工程，建筑面积为 22 000m²，地上 22 层，地下 2 层，现浇框架混凝土结构，由某建筑工程公司施工总承包。

施工过程中，发生了如下事件：

事件一：总承包单位对施工高峰期的用电设备、用电量进行了计算，计划使用设备 16 台。项目技术负责人组织编制了施工用电组织设计并立即开始实施。

事件二：项目部在库房、道路、仓库等一般场所安装了额定电压为 360V 的照明器，监理单位要求整改。

事件三：检查组在施工总承包单位的专项安全检查中发现：现场室外 220V 灯具距地面统一为 2.5m；室内 220V 灯具距地面统一为 2.2m；碘钨灯安装高度统一为 2.8m。检查组下达了整改通知。

问题：

1. 事件一中，项目部的做法是否妥当？请说明理由。

2. 施工用电配电系统各配电箱、开关箱的安装位置规定有哪些？

3. 事件二中，项目部的做法是否妥当？请说明理由。施工现场一般场所还应有哪些？（最少写出五项）

4. 指出事件三中的不妥之处，并分别写出正确做法。

第十五题

【案例】现场管理—文明施工

背景资料：

某图书馆工程，建筑面积为 45 000m²，地下 2 层，地上 26 层，框架—剪力墙结构。

施工过程中，发生了如下事件：

事件一：项目部根据相关规定制定了现场文明施工管理基本要求与管理要点。

事件二：项目部在编制的项目环境管理规划中，提出了创造文明有序的安全生产条件和氛围等文明施工的工作内容。

事件三：监理工程师在消防工作检查时，临时搭设的工人宿舍区域未配置灭火器，施工现场使用的大眼安全网为可燃材料。

事件四：现场出入口设置了大门和保安值班室，现场未设置"五牌一图"，监理单位要求整改，并设置车辆冲洗设施。

问题：

1. 请说明事件一中现场文明施工管理的基本要求。
2. 事件二中，现场文明施工还应包括哪些工作内容？
3. 事件三中，有哪些不妥之处？请说明正确做法。
4. 事件四中，监理单位的做法是否正确？请说明原因。

第十六题

【案例】现场管理—临时设施布置

背景资料：

一建筑施工场地，东西长 110m，南北宽 70m。拟建建筑物首层平面 80m×40m，地下 2 层，地上 6/20 层，檐口高 26/68m，建筑面积约 48 000m²。施工场地部分临时设施平面布置示意图如图 4-4 所示（单位：m）。图中布置施工临时设施有：现场办公室、木工加工及堆场、钢筋加工及堆场、油漆库房、塔吊、施工电梯、物料提升机、混凝土地泵、大门及围墙、车辆冲洗池（图中未显示的设施均视为符合要求）。

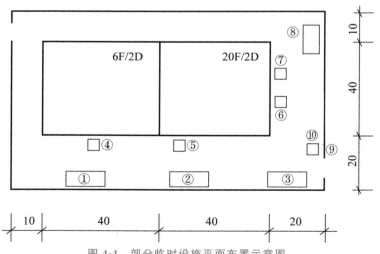

图 4-4　部分临时设施平面布置示意图

问题：

1. 写出图 4-4 中临时设施编号所处位置最宜布置的临时设施名称（如⑨大门及围墙）。

2. 简单说明布置理由。

3. 施工现场安全文明施工宣传方式有哪些?

专题五　施工安全管理

第十七题

【案例】安全管理—安全事故等级的确定

背景资料：

某教学楼工程，位于市区居民小区旁，地下1层，地上4层，总建筑面积2.2万平方米，基础形式为钢筋混凝土筏板基础，主体结构为钢筋混凝土框架结构，混凝土强度等级为C30，其内有一阶梯教室，最大跨度为16m，室内结构净高4.5～10.8m。施工过程中发生如下事件：

事件一：施工单位编制了混凝土模板支撑架工程专项施工方案，并报总监理工程师审批后实施。架体搭设完成后，施工单位项目技术负责人、专项施工方案编制人员、专职安全管理人员和监理工程师进行了验收。

事件二：某日22:30，市城管执法人员接群众举报，工地内有产生噪声污染的施工作业，严重影响周边居民的休息。城管执法人员经调查取证后了解到，噪声源为地下室基础底板混凝土浇筑施工，在施工现场围墙处测得噪声为68.5dB，施工单位办理了夜间施工许可证，并在附近居民区进行了公告。

事件三：某日上午，施工单位在阶梯教室内拆除模板作业时，因工人操作不当，模板支撑架坍塌，造成3人死亡、2人重伤、580万元直接经济损失。后经调查，拆模工人是当天临时进场，没有参加班前教育培训活动，直接进入现场进行拆除模板作业，没有佩戴安全带，有工人穿皮鞋工作。

事件四：在主体结构实体检验时，首层两根柱子的混凝土强度等级为C28。

问题：

1. 指出事件一中的错误做法，并说明理由。
2. 事件二中，基础底板混凝土浇筑行为是否违法？请说明理由。
3. 事件三中，请判断该起安全事故等级，并说明理由。在该起生产安全事故中，针对进场拆模工人，施工单位项目部有哪些安全责任未落实？
4. 事件四中，混凝土强度等级为C28的柱子按照规范该如何处理？

第十八题

【案例】安全管理—安全例行检查

背景资料：

某新建商用群体建设项目，地下2层，地上8层，现浇钢筋混凝土框架结构，桩筏基础，建筑面积为88 000m²。某施工单位中标后组建项目部进场施工，在项目现场搭设了临时办公室、各类加工车间、库房、食堂和宿舍等临时设施，并根据场地实际情况，在现场临时设施区域内设置了环形消防通道、消火栓、消防供水池等消防设施。

施工单位在每月例行的安全生产与文明施工巡查中，对照《建筑施工安全检查标准》（JGJ 59—2011）中"文明施工检查评分表"的保证项目逐一进行检查。经统计，现场生产区临时设施总面积超过了1 200m²，检查组认为现场临时设施区域内消防设施配置不齐全，要求项目部整改。

针对地下室200mm厚的无梁楼盖，项目部编制了模板及其支撑架专项施工方案。方案中采用扣件式钢管支撑架体系，支撑架立杆纵、横向间距均为1 600mm，扫地杆距地面约150mm，每步设置纵、横向水平杆，步距为1 500mm，立杆深处顶层水平杆的长度控制在150～300mm。

顶托螺杆插入立杆的长度不小于 150mm、伸出立杆的长度控制在 500mm 以内。

在装饰装修阶段，项目部使用钢管和扣件临时搭设了一个移动式操作平台用于顶棚装饰装修作业。该操作平台的台面面积为 8.64m²，台面距楼地面高 4.6m。

问题：

1. 按照"文明施工检查评分表"的保证项目检查时，除现场办公和住宿外，检查的保证项目还应有哪些？

2. 针对本项目生产区临时设施总面积情况，在生产区临时设施区域内还应增设哪些消防器材或设施？

3. 指出本项目模板及其支撑架专项施工方案中的不妥之处，并分别写出正确做法。

4. 现场搭设的移动式操作平台的台面面积、台面高度是否符合规定？操作平台一般有哪几种？请简要说明其安全作业控制要点。

第十九题

【案例】安全管理—安全例行检查

背景资料：

某企业新建办公楼工程，地下 1 层，地上 16 层，建筑高度为 55m，地下建筑面积为 3 000m²，总建筑面积为 21 000m²，现浇混凝土框架结构。一层大厅高 12m，长 32m，大厅处有 3 道后张预应力混凝土梁。合同约定："……工程开工时间为 2022 年 7 月 1 日，竣工日期为 2023 年 10 月 31 日。总工期为 488 天；冬期停工 35 天，弱电、幕墙工程由专业分包单位施工……"总包单位与幕墙单位签订了专业分包合同。

总包单位在施工现场安装了一台塔吊用于垂直运输，在结构、外墙装修施工时，采用落地双排扣件式钢管脚手架。

结构施工阶段，施工单位相关部门对项目安全进行检查，发现外脚手架存在安全隐患，责令项目部立即整改。

大厅后张预应力混凝土梁浇筑完成 25 天后，生产经理凭经验判定混凝土强度已达到设计要求，随即安排作业人员拆除了梁底模板并准备进行预应力张拉。

外墙装饰完成后，施工单位安排工人拆除外脚手架。在拆除过程中，上部钢管意外坠落击中下部施工人员，造成 1 名工人死亡。

问题：

1. 总包单位与专业分包单位签订分包合同的过程中，应重点落实哪些安全管理方面的工作？

2. 项目部应在哪些阶段进行脚手架检查和验收？

3. 预应力混凝土梁底模板拆除工作有哪些不妥之处？请说明理由。

4. 安全事故分几个等级？本次安全事故属于哪种安全事故？当交叉作业无法避开在同一垂直方向上操作时，应采取什么措施？

第二十题

【案例】安全管理—安全检查评定等级

背景资料：

某新建综合楼工程，现浇钢筋混凝土框架结构，地下 1 层，地上 10 层，建筑檐口高度为 45m，某建筑工程公司中标后成立项目部进场组织施工。

在施工过程中，发生了下列事件：

事件一：根据施工组织设计的安排，施工高峰期现场同时使用机械设备达到 8 台。项目土建施工员仅编制了安全用电和电气防火措施报送给项目监理工程师。监理工程师认为存在多处不妥，要求整改。

事件二：施工过程中，项目部要求安全员对现场固定式塔式起重机的安全装置进行全面检查，但安全员仅对塔式起重机的力矩限制器、爬梯护圈进行了安全检查。

事件三：施工中发现作业人员有以下行为：电梯井道施工人员作业时，为施工方便，擅自临时拆除了电梯井口防护门，作业完成后恢复了防护门；进行十层预制外墙板吊装时，在没有设置安全隔离层的情况下，抹灰工人在正下方进行一层外墙面饰面作业。

事件四：公司按照《建筑施工安全检查标准》（JGJ 59—2011）对现场进行检查评分，汇总表总得分为 85 分，但施工机具分项检查评分表得 0 分。

问题：

1. 事件一中，存在哪些不妥之处？请分别说明理由。

2. 事件二中，项目安全员还应对塔吊的哪些安全装置进行检查（至少列出四项）？

3. 指出事件三中不规范操作的正确做法。

4. 事件四中，按照《建筑施工安全检查标准》（JGJ 59—2011），确定该次安全检查评定等级，并说明理由。

参考答案

专题一　施工成本管理

第一题

1. 无效。

理由：桩基故障属于 C 公司自身原因造成的工程延期开始，不能索赔。

2. 6 月 25 日的停工索赔成立。

理由：这是由建设单位图纸原因造成的。

7 月 1 日开始停工索赔成立。

理由：开始连续下一周罕见大雨属于不可抗力。

可以索赔工期＝2＋7＝9（天）。

3.（1）原工程桩 600 根，合同工期（6 月 18 日—7 月 17 日）共 30 天，所以增加 100 根桩，需要增加 5 天的时间。可索赔工期＝100/（600/30）＝5（天）。

（2）合理索赔金额＝3.14×0.3×0.3×20×1.1×100×280×（1＋20％）＝208 897.92（元）。

（3）不可以调整。

理由：变更估价原则为，除专用合同条款另有约定外，已标价工程量清单或预算书有相同项目的，按照相同项目单价认定。

第二题

1.（1）签约合同价＝分部分项工程费＋措施项目费＋其他项目费＋规费＋税金＝3 793＋547＋200＋264＝4 804（万元）。

（2）建筑工程造价的特点有：①大额性；②个别性和差异性；③动态性；④层次性。

2.（1）成本系数：

A 施工方案＝4 400/12 900≈0.341。

B 施工方案＝4 300/12 900≈0.333。

C 施工方案＝4 200/12 900≈0.326。

（2）价值系数：

A 施工方案＝0.34/0.341≈0.997。

B 施工方案＝0.32/0.333≈0.961。

C 施工方案＝0.34/0.326≈1.043。

（3）应采用 C 施工方案。

3.（1）直接成本＝人工费＋材料费＋机械费＋措施费＝477＋2 585＋278＋220＝3 560（万元）。

（2）间接成本＝企业管理费＋规费＝280＋80＝360（万元）。

第三题

1.（1）本工程的竣工预验收应由总监理工程师组织。

（2）施工单位项目负责人、项目技术负责人必须参加。

（3）本工程的竣工验收应由建设单位项目负责人组织。

2.（1）（5 594－5 080）/5 080×100％≈10％，大于 5％。

清单项 A 的结算总价＝5 080×（1＋5％）×452＋［5 594－5 080×（1＋5％）］×452×（1－5％）＝2 522 612（元）。

（2）（8 918－8 205）/8 918×100％≈8％，大于5％。

清单项B的结算总价＝8 205×140×（1＋5％）＝1 206 135（元）。

3．（1）施工单位应向建设单位移交施工资料。

（2）实行施工总承包的，各专业承包单位应向施工总承包单位移交施工资料。

（3）监理单位应向建设单位移交监理资料。

（4）建设单位应按照国家有关法规和标准规定向城建档案管理部门移交工程档案，并办理相关手续。

第四题

1．施工总承包单位应对工程的质量、工期、安全、造价全面负责。

2．（1）违法分包行为一：A施工总承包单位与F劳务分包公司签订合同，并约定将模板和脚手架费用计入承包总价。

理由：不应约定将模板和脚手架费用计入承包总价。

（2）违法分包行为二：A施工总承包单位自行将通风空调工程分包给C专业分包单位施工。

理由：上述行为在建设工程总承包合同中未约定，又未经建设单位认可。

（3）违法分包行为三：C专业分包单位按照分包工程合同总价收取8％的管理费后分包给D专业分包单位。

理由：分包单位不得将其建设工程再次分包。

3．A施工总承包单位的中标造价＝4 800 ＋576＋222＋64＋218＝5 880（万元）。

专题二　施工进度管理

第五题

1．（1）上部标准层结构工序施工双代号网络图如下图所示。

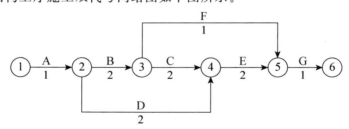

（2）关键线路：A→B→C→E→G。

2．每层工期是8日历天。

3．施工进度计划按编制对象的不同可分为：施工总进度计划、单位工程进度计划、分阶段（或专项工程）工程进度计划、分部分项工程进度计划四种。

第六题

1．工序D实际进度拖后1个月；工序E实际进度拖后1个月；工序F实际进度拖后2个月。

2．本工程的实际完工工期是13个月。

3．（1）工序E在关键线路上，影响总工期。

（2）工序F延误的工期超过了其总时差，影响总工期。

（3）工序D有1个月的总时差，拖后1个月不影响总工期。

4. 关键线路为：A→B→E→H→I。

第七题

1. （1）关键线路：A→C→E→G→H。

   （2）总工期＝5＋4＋9＋2＋3＝23（天）。

2. （1）修改后的关键线路：A→B→E→G→H。

   （2）修改后的总工期＝5＋7＋9＋2＋3＝26（天）。

3. 为保证原工期完成，需要压缩3天（26－23）。压缩费用最低的工作有D、E、F，其中D工作和F工作为非关键工作，所以只能压缩E工作，E工作最大压缩2天，压缩2天后，B→E→G是16天，C→F是14天，关键线路未发生变化，故E工作先压缩2天。此时需再压缩1天，才能满足要求。经比较，压缩G工作费用最低，故压缩G工作1天。综上，E工作压缩2天、G工作压缩1天。

   赶工费用＝1 000＋1 000＋1 200＝3 200（元）。

4. 选择优化对象应考虑下列因素：缩短持续时间对质量和安全影响不大的工作；有备用或替代资源的工作；缩短持续时间所需增加的资源、费用最少的工作。

第八题

1. 单位工程进度计划编制依据应补充：

   （1）资源配备情况，如施工中需要的劳动力、施工机具和设备、材料、预制构件和加工品的供应能力及来源情况。

   （2）建设单位可能提供的条件和水电供应情况。

   （3）施工现场条件和勘察资料。

   （4）预算文件和国家及地方规范等资料。

2. 根据流水节拍表，此施工过程属于异节奏流水施工。

   流水施工的组织形式还有等节奏流水施工、无节奏流水施工。

3. 根据表中数据，采用"累加数列错位相减取大差法（简称'大差法'）"计算流水步距：

   （1）列出各施工过程流水节拍的累加数列：

   施工过程Ⅰ：2　4　6

   施工过程Ⅱ：2　4　6

   施工过程Ⅲ：6　12　18

   施工过程Ⅳ：4　8　12

   施工过程Ⅴ：4　8　12

   （2）错位相减，取最大值得流水步距：

$$K_{I,II}\quad 2\quad 4\quad 6$$
$$-)\qquad 2\quad 4\quad 6$$
$$\overline{\qquad\qquad 2\quad 2\quad 2\quad -6}$$

所以，$K_{I,II}=2$。

$$K_{II,III}\quad 2\quad 4\quad 6$$
$$-)\qquad 6\quad 12\quad 18$$
$$\overline{\qquad\qquad 2\quad -2\quad -6\quad -18}$$

所以，$K_{II,III}=2$。

$$
\begin{array}{r}
K_{III,IV} \quad 6 \quad 12 \quad 18 \\
-) \quad\quad 4 \quad 8 \quad 12 \\
\hline
6 \quad 8 \quad 10 \quad -12
\end{array}
$$

所以，$K_{III,IV}=10$。

$$
\begin{array}{r}
K_{IV,V} \quad 4 \quad 8 \quad 12 \\
-) \quad\quad 4 \quad 8 \quad 12 \\
\hline
4 \quad 4 \quad 4 \quad -12
\end{array}
$$

所以，$K_{IV,V}=4$。

（3）总工期 $T=(2+2+10+4)+(4+4+4)+2=32$（周）。

（4）五个专业队完成施工的流水施工进度计划如下图所示。

施工过程	施工进度/周															
	2	4	6	8	10	12	14	16	18	20	22	24	26	28	30	32
土方开挖																
基础施工																
地上结构																
砌筑工程																
装饰装修及设备安装																

专题三　施工质量管理

第九题

1. 合理。

   理由：根据《钢结构工程施工质量验收标准》（GB 50205—2020）的规定，板厚等于或大于 40mm，且设计有 Z 向性能要求的厚板，应进行全数抽样复验。本批钢板厚 40mm，且吊车梁有 Z 向性能要求，所以需要全数抽样复检。

2. （1）错误之处：当螺栓不能自由穿入时，工人现场用气割扩孔，扩孔后部分孔径达到设计螺栓直径的 1.35 倍。

   理由：高强度螺栓现场安装时应能自由穿入螺栓孔，不得强行穿入。若螺栓不能自由穿入时，可采用铰刀或锉刀修整螺栓孔，不得采用气割扩孔，扩孔数量应征得设计单位同意，扩孔后的孔径不应超过 1.2 倍螺栓直径。

   （2）摩擦面的处理还可采用喷砂、喷丸、酸洗等方法，严格按设计要求和有关规定进行施工。

3. 分部工程质量验收合格的规定：

   （1）所含分项工程的质量均应验收合格。

   （2）质量控制资料应完整。

   （3）有关安全、节能、环境保护和主要使用功能的抽样检验结果应符合相应规定。

   （4）观感质量应符合要求。

4. A、B 做法符合要求。

   C 做法不符合要求。

   正确做法：挡脚板高度不低于 18cm。

D 为连墙件。

第十题

1. 项目管理组织机构形式应根据施工项目的规模、复杂程度、专业特点、人员素质和地域范围确定。

2. (1) 不妥之处一：基坑开挖前，施工单位委托具备相应资质的第三方对基坑工程进行现场监测。

   理由：基坑工程施工前，应由建设方委托具备相应资质的第三方对基坑工程实施现场监测。

   (2) 不妥之处二：监测单位编制了监测方案，经建设方、监理方认可后开始施工。

   理由：监测单位应编制监测方案，经建设方、设计方、监理方等认可后方可实施。

3. 项目部应对模板分项工程进行下列检查：①模板安装时接缝应严密；②模板内不应有杂物、积水或冰雪等；③模板与混凝土的接触面应平整、清洁；④用作模板的地坪、胎模等应平整、清洁，不应有影响构件质量的下沉、裂缝、起砂或起鼓；⑤对清水混凝土及装饰混凝土构件，应使用能达到设计效果的模板。

4. (1) 不妥之处一：施工班组将水平输送泵管固定在脚手架小横杆上。

   正确做法：输送泵管应采用支架固定，支架应与结构牢固连接，输送泵管转向处支架应加密。

   (2) 不妥之处二：采用振动棒倾斜于混凝土内由近及远分层浇筑。

   正确做法：应插入混凝土内由远及近浇筑。

第十一题

1. 按国家现行有关标准抽样检验屈服强度、抗拉强度、伸长率及单位长度重量偏差。

2. (1) 不妥之处一：采取机械挖土、分层开挖到基底标高。

   理由：施工过程中应采取减少基底土扰动的保护措施，机械挖土时，基底以上 200～300mm 厚土层应采用人工配合挖除。

   (2) 不妥之处二：施工单位确定，地基间歇期为 14d，过后按要求进行地基质量验收。

   理由：地基施工结束，宜在一个间歇期后进行质量验收，间歇期由设计确定。

3. (1) 混凝土浇筑前，施工现场应检查验收的工作还包括：①隐蔽工程验收和技术复核；②对操作人员进行技术交底；③应填报浇筑申请单，并经监理工程师签认。

   (2) 不妥之处一：浇筑柱、梁、板节点处混凝土，在距柱边 300mm 处，梁模板内采取了临时分隔措施。

   正确做法：柱 C40，梁、板 C30，柱混凝土设计强度比梁、板混凝土设计强度高两个等级，应在交界区域采取分隔措施。分隔位置应在低强度等级的构件中，即在梁模板内采取的临时分隔措施，但应距柱边不小于 500mm 处。

   不妥之处二：先行浇筑梁板混凝土。

   正确做法：宜先浇筑高强度等级的柱混凝土，后浇筑低强度等级的梁、板混凝土。

4. (1) 不妥之处一：室内装修工程完工后第 3 天，施工单位进行了质量验收工作。

   正确做法：民用建筑工程及室内装修工程的室内环境质量验收，应在工程完工至少 7d 以后、工程交付使用前进行。

   (2) 不妥之处二：在二层会议室靠窗户集中设了 5 个室内环境监测点。

   正确做法：民用建筑工程验收时，应抽检每个建筑单体有代表性的房间室内环境污染物浓度，抽检数量不得少于房间总数的 5%，每个建筑单体不得少于 3 间。房间总数少于 3 间时，应全数检测。

（3）不妥之处三：在二层会议室靠窗户集中设了 5 个室内环境监测点。

正确做法：检测点应均匀分布，避开通风道和通风口。当房间内有 2 个及以上检测点时，应采用对角线、斜线、梅花状均衡布点，并取各点检测结果的平均值作为该房间的检测值。

第十二题

1. （1）错误之处一：经分包单位技术负责人审批后组织专家论证。

正确做法：实行施工总承包的，专项方案应当由总承包单位技术负责人及相关专业承包单位技术负责人签字确定。

（2）错误之处二：分包单位在专项施工方案审批后组织专家论证。

正确做法：分包单位的专项施工方案应由总承包单位组织专家论证。

2. 将蜂窝孔洞周围松散混凝土和软弱浆模凿除，用水冲洗，重新支设模板，洒水充分湿润后用高强度等级的细石混凝土浇灌捣实。

3. 本工程主体结构分部工程验收资料应包括钢筋工程、模板工程、混凝土工程、现浇结构。

专题四　施工平面布置管理

第十三题

1. （1）现场砖围墙设计高度不妥当，由于紧邻市区主要路段，砖围墙最低设计高度为 2.5m。

（2）普通钢围挡设计高度妥当。

2. 旗杆与基座预埋件焊接需要开动火证。动火等级为三级动火。

审批程序：由所在班组填写动火申请表，经项目责任工程师和项目安全管理部门审查批准后，方可动火。

3. （1）安全标志分为 4 大类型：禁止标志、警告标志、指令标志和提示标志。

（2）设置原则：标准、安全、醒目、便利、协调、合理。

4. 施工现场临时用电关于电源电压的规定如下：

（1）隧道、人防工程、高温、有导电灰尘、比较潮湿或灯具离地面高度低于 2.5m 等场所的照明，电源电压不应大于 36V。

（2）潮湿和易触及带电体场所的照明，电源电压不得大于 24V。

（3）特别潮湿场所、导电良好的地面、锅炉或金属容器内的照明，电源电压不得大于 12V。

第十四题

1. （1）事件一中项目部的做法不妥。

（2）理由：施工现场临时用电设备在 5 台及以上或设备总容量在 50kW 及以上者，应编制用电组织设计，但组织编制人不是项目技术负责人，而是电气工程技术人员组织编制，并要经相关部门审核及具有法人资格的技术负责人批准后才能投入实施。

2. 施工用电配电系统各配电箱、开关箱的安装位置规定有：

（1）施工用电配电系统各配电箱、开关箱的安装位置要合理。

（2）总配电箱（配电柜）要尽量靠近变压器或外电电源处，以便于电源的引入。

（3）分配电箱应尽量安装在用电设备或负荷相对集中区域的中心地带，确保三相负荷保持平衡。

（4）开关箱安装的位置应视现场情况和工况尽量靠近其控制的用电设备。

3. （1）事件二中项目部的做法不妥。

（2）理由：库房、道路、仓库属于施工现场一般场所；一般场所宜选用额定电压为 220V 的照明器。

（3）需要夜间施工、无自然采光或自然采光差的场所，办公、生活、生产辅助设施，道路等应设置一般照明。

4. （1）不妥之处一：室外 220V 灯具距地面统一为 2.5m。

正确做法：室外 220V 灯具距地面不得低于 3m。

（2）不妥之处二：室内 220V 灯具距地面统一为 2.2m。

正确做法：室内 220V 灯具距地面不得低于 2.5m。

（3）不妥之处三：碘钨灯安装高度统一为 2.8m。

正确做法：碘钨灯的安装高度宜在 3m 以上。

第十五题

1. 现场文明施工管理基本要求如下：

（1）施工现场应当做到围挡、大门、标牌标准化、材料码放整齐化（按照现场平面布置图确定的位置集中、整齐码放）、安全设施规范化、生活设施整洁化、职工行为文明化、工作生活秩序化。

（2）施工现场要做到工完场清、施工不扰民、现场不扬尘、运输无遗撒、垃圾不乱弃，努力营造良好的施工作业环境。

2. 现场文明施工的内容还包括：

（1）规范场容、场貌，保持作业环境整洁卫生。

（2）减少施工过程对居民和环境的不利影响。

（3）树立绿色施工理念，落实项目文化建设。

3. 不妥之处一：临时搭设的工人宿舍区域未配置灭火器。

正确做法：临时搭设的建筑物区域内每 100m² 配备 2 只 10L 灭火器。

不妥之处二：施工现场使用的大眼安全网为可燃材料。

正确做法：施工现场使用的大眼安全网、密目式安全网、密目式防尘网、保温材料，必须符合消防安全规定，不得使用易燃、可燃材料。

4. 监理单位的做法正确。

理由：现场出入口应设大门和保安值班室，在施工现场出入口还应标有企业名称或企业标识。主要出入口明显处应设置"五牌一图"：工程概况牌、安全生产牌、文明施工牌、消防保卫牌、管理人员名单及监督电话牌、施工现场总平面图。车辆出入口处还应设置车辆冲洗设施和实名制管理设施。

第十六题

1. ①木材加工及堆场；②钢筋加工及堆场；③现场办公室；④物料提升机；⑤塔吊；⑥混凝土地泵；⑦施工电梯；⑧油漆库房；⑨大门及围墙；⑩车辆冲洗池。

2. 布置理由：

（1）木材加工及堆场：布置仓库、堆场，一般应接近使用地点，其纵向宜与现场临时道路平行，尽可能利用现场设施卸货。木材加工及堆场两侧应有 6m 宽通道，端头有12m×12m回车场。

（2）钢筋加工及堆场：货物装卸需要时间长的仓库应远离道路边。

（3）现场办公室：办公用房宜设在施工现场入口处。

（4）物料提升机：裙楼楼层较低，布置物料提升机较合适。

（5）塔吊：布置塔吊时，应考虑其覆盖范围、可吊构件的重量以及构件的运输和堆放；同时还应考虑附墙杆件及使用后的拆除和运输。

（6）混凝土地泵：布置混凝土地泵的位置时，应考虑泵管的输送距离、罐车行走停靠方便，一般情况下，立管位置应相对固定且固定牢固，泵车可以现场流动使用。

（7）施工电梯：布置施工升降机时，应考虑地基承载力、地基平整度、周边排水、导轨架的附墙位置和距离、楼层平台通道、出入口防护门以及升降机周边的防护围栏等。

（8）油漆库房：存放危险品类的仓库应远离现场单独设置，离在建工程距离不小于 15m。

（9）车辆冲洗池：车辆出入口设置车辆冲洗设施。

3. 施工现场应设置宣传栏、报刊栏，悬挂安全标语和安全警示标志牌，加强安全文明施工宣传。

专题五　施工安全管理

第十七题

1.（1）错误之处一：施工单位编制了混凝土模板支撑架工程专项施工方案，报总监理工程师审批后实施错误。

理由：本工程架体搭设高度超过了 8m，属于超过一定规模的危险较大分部分项工程。施工单位应当组织召开专家论证会对专项施工方案进行论证。专项施工方案应当由施工单位技术负责人审核签字、加盖单位公章，并由总监理工程师审查签字、加盖执业印章后方可实施。

（2）错误之处二：架体搭设完成后，施工单位项目技术负责人、专项施工方案编制人员、专职安全管理人员和监理工程师进行了验收。

理由：危大工程验收人员包括：①总承包单位和分包单位技术负责人或授权委派的专业技术人员、项目负责人、项目技术负责人、专项施工方案编制人员、项目专职安全生产管理人员及相关人员；②监理单位项目总监理工程师及专业监理工程师；③有关勘察、设计和监测单位项目技术负责人。

2. 违法。

理由：夜间施工（一般指当日 22 时至次日 6 时）期间的噪声排放应不超过 55dB。

3.（1）较大安全事故。

理由：事故造成 3 人死亡。较大事故是指造成 3 人及以上 10 人以下死亡，或者 10 人及以上 50 人以下重伤，或者 1 000 万元及以上 5 000 万元以下直接经济损失的事故。

（2）进场前未进行三级安全教育；作业前未进行安全技术交底；作业时应检查工具、设备、现场环境等是否存在不安全因素，是否正确佩戴个人防护用品。拆模作业时必须设警戒区，并指派专人监护，严禁无关人员进入。

4. 当混凝土结构施工质量不符合要求时，应按下列规定处理：

（1）经返工、返修或更换构件、部件的，应重新进行验收。

（2）经有资质的检测机构检测鉴定达到设计要求的，应予以验收。

（3）经有资质的检测机构检测鉴定达不到设计要求，但经原设计单位核算并确认仍可满足结构安全和使用功能的，可予以验收。

（4）经返修或加固处理能够满足结构可靠性要求的，可根据技术处理方案和协商文件进行验收。

第十八题

1. 检查的保证项目还应有现场围挡、封闭管理、施工场地、材料管理和现场防火。

2. 临时搭设的建筑物区域，每 100m² 配备两个 10L 的灭火器；大型临时设施总面积超过 1 200m² 时，应配有专供消防用的太平桶、积水桶（池）、黄砂池，且周围不得堆放易燃物品。

3. （1）不妥之处一：支撑架立杆纵、横向间距均为 1 600mm。

正确做法：立杆的纵、横向间距应满足设计要求，立杆的步距不应大于 1.8m；顶层立杆步距应适当减小，且不应大于 1.5m。

（2）不妥之处二：顶托螺杆伸出立杆的长度控制在 500mm 以内。

正确做法：可调托撑螺杆伸出长度不宜超过 300mm。

4. （1）现场搭设的移动式操作平台的台面面积、台面高度符合规定。

（2）操作平台一般有移动式操作平台、悬挑式操作平台、落地式操作平台。

（3）操作平台作业安全控制要点：①移动式操作平台台面不得超过 10m²，高度不得超过 5m，高宽比不应大于 2∶1。台面脚手板要铺满钉牢，台面四周设置防护栏杆。平台移动时，作业人员必须下到地面，不允许带人移动平台。②悬挑式操作平台的悬挑长度不宜大于 5m，设计应符合相应的结构设计规范要求，周围安装防护栏杆。悬挑式操作平台安装时不能与外围护脚手架进行拉结，应与建筑结构进行拉结。③操作平台上要严格控制荷载，应在平台上标明允许负载值的限载牌及限定允许的作业人数，使用过程中不允许超过设计的容许荷载。④落地式操作平台高度不应大于 15m，高宽比不应大于 3∶1，与建筑物应进行刚性连接或加设防倾措施，不得与脚手架连接。

第十九题

1. 总包单位应重点落实的安全管理工作包括：

（1）总包单位应对承揽分包工程的分包单位进行资质、安全生产许可证和相关人员安全生产资格的审查。

（2）总包单位与分包单位签订分包合同时，应签订安全生产协议书，明确双方的安全责任。

2. 脚手架应在下列阶段进行检查和验收：

（1）承受偶然荷载后。

（2）遇有 6 级及以上强风后。

（3）大雨及以上降水后。

（4）冻结的地基土解冻后。

（5）停用超过 1 个月。

（6）架体部分拆除。

（7）其他特殊情况。

3. （1）不妥之处一：生产经理凭经验判定混凝土强度已达到设计要求，随即安排作业人员拆模。

理由：应根据同条件养护试块的强度是否达到规定的强度来判断混凝土强度，生产经理应该向项目技术负责人申请拆模，项目技术负责人批准后才能拆模。

（2）不妥之处二：安排作业人员拆除了梁底模板并准备进行预应力张拉。

理由：后张预应力混凝土结构构件，侧模宜在预应力张拉前拆除；底模支架不应在结构构件建立预应力前拆除。

4. （1）安全事故分为一般事故、较大事故、重大事故及特别重大事故四个等级。

（2）本次安全事故属于一般事故。一般事故是指造成 3 人以下死亡，或者 10 人以下重伤，或者 100 万元及以上 1 000 万元以下直接经济损失的事故。

（3）交叉作业的安全控制要点：①交叉作业时，坠落半径内应设置安全防护棚或安全防护网等安全隔离措施；②交叉作业人员不允许在同一垂直方向上操作，要做到上部与下部作业人员的位置错开，使下部作业人员的位置处在上部落物的可能坠落半径范围以外，当不能满足要求时，应设置安全隔离层进行防护；③在拆除模板、脚手架等作业时，作业点下方不得有其他作业人员；④结构施工自二层起，凡人员进出的通道口都应搭设符合规范要求的防护棚，高度超过24m的交叉作业，通道口应设双层防护棚进行防护；⑤处于起重机臂架回转范围内的通道，应搭设安全防护棚。

<h2 style="text-align:center">第二十题</h2>

1. 不妥之处：项目土建施工员仅编制了安全用电和电气防火措施报送给项目监理工程师。

   理由：施工现场临时用电设备在5台及以上或设备总容量在50kW及以上者，应编制用电组织设计。用电编制者也应为电气技术人员，不应为土建施工员，并应报送有法人资格的企业技术负责人批准。

2. 项目的安全员还应对塔式起重机的超高、变幅、行走限位器，吊钩保险等装置进行检查。

3. 针对施工中作业人员的不规范操作的正确做法分别为：

   (1) 电梯井口应设置防护门，其高度不应小于1.5m，防护门底端距地面高度不应大于50mm，并应设置挡脚板，不能擅自临时拆除。

   (2) 交叉作业人员不允许在同一垂直方向上操作，要做到上部与下部作业人员的位置错开，使下部作业人员的位置处在上部落物的可能坠落半径范围以外，当不能满足要求时，应设置安全隔离层进行防护。

4. 该次安全检查评定等级不合格。

   理由：(1) 建筑施工安全检查评定的等级划分应符合下列规定：①优良，分项检查评分表无零分，汇总表得分值应在80分及以上。②合格，分项检查评分表无零分，汇总表得分值应在80分以下，70分及以上。③不合格，当汇总表得分值不足70分时；当有一分项检查评分表得0分时。

   (2) 当建筑施工安全检查评定的等级为不合格时，必须限期整改达到合格。施工机具检查评分表得0分，根据施工安全评定等级第③点要求，当有一分项检查评分表得0分时，则评定等级为不合格。

亲爱的读者：

    如果您对本书有任何 感受、建议、纠错，都可以告诉我们。

我们会精益求精，为您提供更好的产品和服务。

    祝您顺利通过考试！

扫码参与问卷调查

建造师考试研究院